新农村卫生实用丛书

农村改水改厕与消杀灭实用手册

谭伟龙◎主编

水是生命之源，用水卫生是健康之本。

苏州大学出版社
Soochow University Press

图书在版编目(CIP)数据

农村改水改厕与消杀灭实用手册/谭伟龙主编．—苏州:苏州大学出版社,2010.8(2012.3重印)
(新农村卫生实用丛书/孙俊,王忠灿主编)
ISBN 978-7-81137-519-0

Ⅰ.①农… Ⅱ.①谭… Ⅲ.①农村—水资源—改造—手册②农村卫生—手册 Ⅳ.①TV213.4-62②R127-62

中国版本图书馆CIP数据核字(2010)第149775号

书　　名	农村改水改厕与消杀灭实用手册
主　　编	谭伟龙
责任编辑	徐　来
出版发行	苏州大学出版社 (地址：苏州市十梓街1号　邮编:215006)
印　　刷	常州市武进第三印刷有限公司
开　　本	850 mm×1 168 mm　1/32
印　　张	7.875
字　　数	166千
版　　次	2010年8月第1版 2012年3月第12次印刷
书　　号	ISBN 978-7-81137-519-0
定　　价	15.00元

苏州大学出版社营销部　电话：0512－65225020
苏州大学出版社网址　http://www.sudapress.com

前 言

建设社会主义新农村是时代赋予我们的使命，而改善农村医疗卫生条件，则是社会主义新农村建设重中之重的任务。农民因病致贫、因病返贫，是目前我国经济发达或欠发达地区严重的共性问题。据有关方面统计分析，农村贫困户中因病致贫、返贫的比例，在经济发展水平较低的地区为20%以上，在经济发展水平较高的地区则达50%以上。农村医疗卫生相对落后的现实问题已经引起党中央的高度关注。早在2002年，中共中央、国务院就在《关于进一步加强农村卫生工作的决定》中明确指出："各级政府要积极组织引导农民建立以大病统筹为主的新型农村合作医疗制度"，"到2010年，新型农村合作医疗制度要基本覆盖农村居民"。2009年全国卫生工作会议上通过的修改后的医改意见以及医改五项重点改革的实施方案中，也将建设新农村医疗卫生体系提到了一个重要高度来认识。坚持以农村为重点的卫生工作方针，深化农村卫生体制改革，加大对农村卫生事业的投入，发挥市场机制作用，加强宏观调控，优化卫生资源配置，不断满足农村居民医疗卫生服务需求，整体提高农村居民健康水平和生活质量，这就是我们面临的时代重任。

重视农村医疗卫生工作应该着重关注两个方面：一个是完善农村医疗卫生体系的建设，另一个是提高群众个体的自我医疗知识与自我健康管理意识。无论是前者还是后者，都涉及一个医疗卫生健康知识的普及教育问题，而要开展好医疗卫生健康知识的普及教育，出版一套适合阅读的农村医疗卫生知识丛书就不能不被认为是一个绝好的选择，这就是我们这套“新农村卫生实用丛书”的编写与出版主旨。

人类为什么会生病？从中医学的观点看主要的原因应该是人们违背了“天人合一”、“道法自然”的客观规律。应该说人们的许多疾病就是因为人们的无知、无为、无奈、无能等原因造成的。人们一些不良的生活习惯是人们产生疾病的一个十分主要的原因。如果我们能够重视农村人民群众的健康卫生教育，重视健康咨询（包括导医）和健康管理，人们的身体健康将会得到基本的保障，社会的医疗卫生成本将有很大的降低，全民的卫生文化素质将会有极大的提高。这是比有了疾病再进行治疗还要重要的大事情，并且是世界上许多发达国家已经有所成就的事实。但是目前我们的群众自我医疗健康活动和为该活动的服务工作还没有系统地开展起来。自我医疗健康服务体系也应该是我国医疗卫生工作的一件大事情,应该引起我们各级领导工作者的高度重视。

“新农村卫生实用丛书”就是围绕上述这些主题展开的,作者把最新的实用知识呈现在读者面前,引导读者熟悉了解自身所处的卫生环境和医疗健康需要掌握的日常知识,认识那些严重危害人民群众健康的传染病、地方病、职业病和寄生虫病等重大疾病的预防方法,提高处理农村重大疫情和公共卫生突发事件的能力。本丛书也适合基层卫生人员开展技能培训与业务指导使用,适合乡镇卫生院在开展预防保健、基本医疗、健康教育等综合性服务时参照使用。

本丛书是专门针对农村医疗卫生保健工作编写的,充分考虑了目前农村医疗卫生工作的现状与读者的阅读需求,着重从开展农村医疗卫生工作的实际需要出发,既适合在乡村中从事基层医疗卫生保健工作的专业人员和经常下乡或常年在乡村工作的各类行政管理工作人员阅读,也适合乡村中非医学专业的初中以上文化程度的普通人群阅读。丛书的编者均为多年从事基层与农村医疗卫生工作的专家,这也使得本丛书有较强的实用性和可读性。

目 录

第一章　新农村改水

水是生命之源，而卫生、安全是用水的基本条件。农村用水的卫生安全程度是反映农村经济发展水平和居民生活质量的重要标志，它关系到广大农民的身体健康。目前，我国许多农村地区饮用水条件仍然很差，全国尚有几亿农民没有喝上安全的饮用水，农村大部分饮用水没有经过消毒处理。国家对解决农村用水安全的问题非常重视，制定并实施了农村卫生安全饮用水建设的"十一五"规划，各级相关职能部门也制定并实施了一系列确保农村用水安全的规划。

第一节　饮水与健康

人类的生活离不开水，水是人体生理活动所必需的物质，对于维持正常的新陈代谢有着十分重要的作用。据统计，成人每天通过饮食摄入的水有 1～1.5L，饮用水水质的优劣与人体的健康密切相关。据世界卫生组织（WHO）调查表明，80%的疾病和50%的儿童死亡都与饮用水水质不良有关,而引起水质不良的重要原因之一,就是水体受到病原微生物的污染而引发介水传染病。

一、水的基本特性

水的基本特性即其理化性状,包括水温、色、臭、味、浑浊度、pH、总固体、电导率、酸碱度、硬度、氯化物、硫酸盐、硫化物、含氮化合物、溶解氧、生化需氧量、耗氧量、总有机碳及有毒物质等指标。

1. 水温

水温随季节而变化,但总落后于大气温度的变化。若水温的改变超过一定范围,表示有热污染的可能。水温可以影响水中溶解氧含量及微生物的生长。

2. 色

洁净的水是无色的,某些自然因素可以使水显色。例如,流经沼泽地带的地面水因含腐殖质呈棕黄色;水中大量藻类生长时呈绿色、红色或黄绿色;含铁盐的深层地下水呈黄褐色。

3. 臭

地面水流经沼泽地或水中有大量藻类生长和死亡分解时,可出现异臭;流经含硫地层的深层地下水可带硫化氢臭味。工业废水中,有许多发臭物质,其中某些在水中的浓度低到普通化学方法难以检出时,臭味仍可闻到。

4. 味

天然水出现异味,常与过量盐类的溶入有关。水受到人为污染时,也可产生异味。

5. 浑浊度

浑浊度简称浊度，由水中的泥沙、有机物、浮游生物和微生物等造成。它主要取决于悬浮颗粒的数量、大小、形状和折射系数。地面水的浑浊度一般高于地下水。

6. pH

天然水的 pH 多为 7.2～8.6。当水体受大量有机物污染时，因有机物氧化分解产生游离二氧化碳，可使水的 pH 降低。有酸、碱废水污染时，水的 pH 可发生明显的改变。

7. 总固体

总固体为水样在一定温度下蒸发至干后的残留物总量（蒸发残渣）。总固体愈少，水愈清洁。总固体包括溶解性固体和悬浮性固体。溶解性固体含量主要取决于溶解在水中矿物盐类的多少，也包括溶解性有机物。

8. 电导率

电导率指水的导电能力。在一定温度下，电导率的大小与水中离子化物质的总浓度有关。电导率通常能说明水中的溶解性矿物质的总量。

9. 酸碱度

水的酸度或碱度是分别以碱或酸的标准溶液将水滴定至一定 pH（8.3 和 4.4）时标准溶液的用量来确定的。水的酸度主要由游离二氧化碳、酸性盐类和有机酸形成；水的碱度主要由碳酸盐、重碳酸盐、氢氧化物等形成。天然水常呈弱碱性，如水的酸碱度偏离水源本底范围，说明水已受污染。

10. 硬度

硬度是水的一种质量指标，反映了水的含盐特性，是水中可溶性钙盐、镁盐、铁盐等的总量的一种表示方法。

二、介水传染病与饮用水消毒

1. 介水传染病

介水传染病又称水源性传染病，引起介水传染病的主要病原微生物包括以下三类（表1-1）。

表1-1 引起介水传染病的主要病原微生物

种类	微生物名称	引起的疾病及危害
细菌类	痢疾杆菌	引起痢疾，病死率低，流行分布于全球，对于氯消毒剂的抗力比大肠杆菌差
	霍乱弧菌	引起霍乱，在2h内病死率达10%～80%；El-Tor型弧菌引起副霍乱，流行分布于印度、东南亚，1mg/L余氯15min可以将其杀死
	伤寒杆菌	引起伤寒病，病死率达1%，流行分布广，对氯的抗力比大肠杆菌差
	副伤寒杆菌	引起副伤寒病，病死率低，流行分布于全球，对氯的抗力比大肠杆菌差
	致病性大肠菌	引起急性腹泻，病死率低，流行分布于全球
	土拉巴斯德菌	引起兔热病，病死率达5%，流行分布于亚洲、非洲和欧洲
	结核杆菌	引起结核病，对氯的抗力强
	布鲁菌	引起布鲁病
	钩端螺旋体	引起钩端螺旋体病，由于接触疫水引起感染

续表

种类	微生物名称	引起的疾病及危害
	军团菌	引起肺炎，在冷却水中能大量增殖，最多分离到军团杆菌 10^5 个/mL，连续加氯 1.0 ~ 1.5mg/L，可以消除冷却水中军团菌的感染
	空肠曲菌	也是肠道病原菌，对氯的抗力与大肠杆菌相似
	小肠结肠炎耶氏菌	引起急性胃炎、肠炎、末端回肠炎，经氯化处理的地面水中还有 6% ~ 8% 耶氏菌呈阳性
病毒类	甲型肝炎病毒	经水传播是甲型肝炎的主要传播方式之一，经水流行病死率为 0.2%，流行分布广，对氯的抗力比大肠杆菌强，水中自由氯达2.0 ~ 2.5mg/L 时才能将甲型肝炎病毒灭活
	戊型肝炎病毒	是另一种经水传播的肝炎病毒
	脊髓灰质炎病毒	引起小儿麻痹和脑炎，对氯的抗力比甲型肝炎病毒强
	轮状病毒	引起成人和小孩胃肠炎，对氯的抗力比甲型肝炎病毒强
	埃柯病毒	引起脑炎、呼吸道感染、夏季发热性疾病、腹泻和皮疹
	柯萨奇病毒	引起脑炎、呼吸道感染、胃肠炎、心肌炎、流行性肌痛
	呼肠病毒	与婴儿胃肠炎有关
	肠胃炎病毒	引起流行性呕吐及腹泻
	新肠道病毒	引起脑炎、急性出血性脑膜炎、呼吸道感染和夏季发热性疾病

续表

种类	微生物名称	引起的疾病及危害
	诺瓦克祥病毒	引起呕吐、腹泻、恶心、腹部痉挛、头痛、低热、缺氧、不适和肌痛等
	腺病毒	引起呼吸道感染、急性结膜炎，可经水传播
原虫和蠕虫类	溶组织阿米巴	引起阿米巴痢疾，分布于全球，全世界患者约3亿人，阿米巴对氯的抵抗力强，余氯2mg/L不能杀死阿米巴包囊
	贾第虫	引起腹部疼痛、腹泻、腹部痉挛不适等症状，加氯5mg/L作用60min或8mg/L作用10～30min才能灭活水中的贾第虫
	隐孢子虫	引起人畜共患腹泻病，水常规氯化消毒不能灭活水中卵囊
	血吸虫	接触疫水时通过皮肤感染
	绦虫	引起绦虫囊虫病，分布广
	细粒棘球绦虫	引起棘球虫病，分布广
	麦地拉丝虫	引起麦地拉丝虫病

2. 我国居民饮用水标准

评价饮用水消毒是否达到卫生安全标准的指标为大肠菌群、细菌总数和游离余氯。2007年我国颁布的《生活饮用水卫生标准》中有关饮用水标准见表1-2。

表1-2 我国居民饮用水消毒标准

饮用水类别	细菌总数	总大肠菌群	游离余氯
城市或农村	<100个/mL	<3个/L	在接触30min后应不低于0.3mg/L，集中式给水，除出厂应符合上述要求外，管网末梢水不低于0.05mg/L

3. 评价饮用水消毒效果的指标

评价饮用水的消毒效果，主要以大肠杆菌和余留消毒剂浓度作指标。大肠杆菌对各种消毒剂的耐受力，一般都比其他肠道致病菌高，见表 1-3。

表 1-3　氯杀灭肠道细菌效果比较　　个/L

大肠杆菌	宋氏痢疾杆菌	副伤寒菌 B	福氏痢疾杆菌	布氏杆菌	伤寒杆菌
0	0	0	0	0	0
3	0	0	0	0	0
6	0	0	0	0	0
10	0	0	0	0	0
13	0	0	0	0	0
18	6	0	0	0	0

注：0 为无菌。

从表 1-3 中可知，消毒水中余留大肠杆菌 13 个/L 以下，水中伤寒杆菌、痢疾杆菌、布氏杆菌等就已全部被杀灭了。因此英国、美国规定饮用水消毒后水中余留大肠杆菌为 0 个/100mL，前苏联等规定为 3 个/L，我国规定为 0 个/100mL。

肠道病毒对消毒剂的抵抗力比肠道细菌强，用大肠杆菌作指标，不能代表水中肠道病毒的杀灭情况。用何种指标作水中肠道病毒的消毒指标，这是世界各国正在研究的问题。目前提出能作为一般肠道病毒消毒指标的是大肠杆菌噬菌体或链球菌等。

以余氯来评价饮用水消毒效果是比较安全可靠的。由于大肠杆菌的常规检验需要24h，而自来水厂处理的水在24h内已经把水送往用户，一旦发现消毒水的大肠杆菌不合格，通知用户已无实际意义。而水中余氯检测很快，而且能做到自动化。一般认为，在一定接触时间后，以水中余氯量作为评价自来水厂消毒水的质量，较为可靠。

三、生物地球化学性疾病

在我国，常见的生物地球化学性疾病主要有三类：地方性氟中毒、地方性甲状腺肿、地方性砷中毒。

地方性氟中毒又称地方性氟病。它是长期摄入过量氟而引起的一种慢性全身性疾病，主要表现为氟斑牙和氟骨症。本病分布广，除上海外，各省市均有不同程度分布，其中饮水型占90%以上，其次是煤烟型。本病的发生与年龄无关，7～15岁发病率最高。

地方性甲状腺肿，简称地方病，又称碘缺乏病，主要是由于碘摄入量不足引起，但个别地方也可因碘摄入过量而引起。本病分布很广，是患者人数最多的一种地方病。山区往往多于平原，内陆多于沿海。青春期发病率急剧增加，40岁以后逐渐下降，除重病区以外，女性患者多于男性患者。

地方性砷中毒主要是长期饮用含砷量过高的天然水而引起，如我国台湾西南沿海某些地区的自流井，多数水中含砷量达0.4～0.6mg/L，新疆某地的自流井水，含砷量达0.6mg/L，都引起了本病的流行。

四、健康饮水

水是人体必需的物质。补充水分的方法很多,正确补充水分,不但可以降低血液稠度,促使血管扩张,还具有清涤胃肠道的功能,进而帮助消化,防止便秘。多饮水还可防膀胱癌,每天饮清水少于一杯的男士,不管他喝多少饮料,患膀胱癌的危险比每天至少饮六杯清水的男士高一倍。

一般来说,含余氯的自来水不宜直接煮饭,因为在未烧开的自来水中,有较多的余氯,在煮饭的过程中,水中的氯会破坏米里的维生素 B_1,时间久了,人体就会出现一系列诸如消化不良、皮炎等症状。

有些水不能多喝,如生水、重新煮开的水、蒸锅水、老化水、蒸馏水、纯净水。要喝烧开的水,凉开水的性质与生物细胞的水十分接近,比较容易透过细胞膜,具有奇异的生物活性。

五、农村安全用水

2004 年,由国务院常务会议审议并原则通过的《全国农村饮水安全工程“十一五”规划》,明确了农村饮水安全评价体系,这也是我国制定的第一个农村饮水安全评价指标体系。其将农村安全饮用水分为安全和基本安全两个档次:在水质方面,符合国家《生活饮用水卫生标准》要求的为安全,符合《农村实施〈生活饮用水卫生标准〉准则》要求的为基本安全;在水量方面,每人每天可获得的水量不低于 40L 为安全,不低于 20L 为基本安全;在方便程度方面,人力取水往返时间不超过 10min 为安全,不超过 20min 为基本安全;在保证率方面，水源保证率不低于95%为安全，不低于90%为基本安全。

第二节 饮用水污染

一、饮用水污染的分类及主要污染物

饮用水的水源是大自然的水体，常受到人类活动的污染，包括微生物污染、无机物污染和有机物污染。

微生物的污染包括细菌、病毒、寄生虫等的污染，通常由水源带来，要求达到一定的最低浓度以防止流行病的发生与流行。藻类的污染也是目前生物污染的重要问题之一。金属离子和无机化合物（如硫酸盐、硝酸盐、亚硝酸盐、石棉等），往往是通过水源或输水管渠进入饮用水的，这些物质能影响人体的神经系统，诱发癌症并引起血液成分紊乱。有机化合物包括几大类碳化合物，其中农药的施用容易引起近土壤水源的污染，水中加氯消毒时氯也会和有机物反应生成消毒副产品造成污染。

二、饮用水污染的来源

水体污染是指人类活动排放的污染物进入水体，使水体的理化特性，水环境的生物特性、组成等发生改变，从而影响水的有效利用，造成水质恶化，危害人体健康或破坏生态环

境的现象。引起水体污染的污染物主要来自人类的生产和生活活动。除此以外,某些地区的自然因素也引起某些水质成分的改变,如黄河某些河段的水砷含量升高,我国北方一些地区的水氟含量升高等。饮用水污染的来源主要有以下三种:

1. 工业废水

工业废水,如炼钢厂每炼1吨钢排出约200~250吨废水,其中主要含有无机物,而造纸厂生产1吨纸约排出250~500吨废水,其中主要含有有机物。这些废水中除冷却水外,都含有生产原料、中间产品和终产品等。

2. 生活污水

生活污水是居民日常生活中产生的废水,其中主要为粪尿和洗涤用水,水中含有机物及肠道病菌、病毒、寄生虫等。粪便是生活污水中氮的主要来源。近年来,大量含磷洗涤剂使污水中磷的含量大量增加。另外,医院的污水也含有大量的病原体。

3. 农业污水

农业污水是指农牧业生产排出的污水及流经灌溉田的水,这样的水常被农药、人畜肠道病原体污染。

第三节 饮用水消毒剂

理想的饮用水消毒剂应能满足:无毒、无刺激性;能迅速溶解于水中，并快速释放出消毒因子；对各种类型的肠道致病微生物都有较强的杀灭作用；不与水中的化学物质发生反应而破坏其杀菌作用或形成消毒副产物；能耐保存；便于运输；操作简单方便；价格便宜等。

到目前为止，还没有一种饮用水消毒剂能完全达到上述要求。目前，世界上绝大多数国家在消毒饮用水时仍采用氯。美国安全饮水委员会通过对12种消毒剂评价后认为，氯、臭氧、二氧化氯是可供公共给水选择的消毒剂，在美国氯胺的使用有增多的趋势。下面将常用的饮用水消毒剂介绍如下：

一、含氯消毒剂

自19世纪末开始，氯就被用来消毒饮用水，如今已经达到了完全自动化程度。20世纪70年代，科学家发现氯可与水中某些碳氢化合物反应产生致癌物质，于是人们对氯消毒饮用水产生了怀疑和争论。由于没有找到更好的饮用水消毒剂，氯仍是世界各国主要采用的饮用水消毒剂。

1. 含氯消毒剂的种类

（1）液氯：常温下为黄绿色气体，在常温加压至6～8个大气压，可转变为液态氯。液氯用钢瓶储存。

（2）漂白粉：含有效氯28%～32%，性能不稳定，储存中容易损失有效氯。漂白粉宜储存于塑料袋或有色玻璃瓶中，严密封口，存放在阴凉、避光、通风、干燥的地方。

（3）漂白粉精：有效氯含量在56%以上，最高可达70%，性能较稳定。

（4）三合二：含有效氯 70%，性能较稳定。

（5）次氯酸钠：纯次氯酸钠为固体，工业品略带浅黄绿色，含有效氯 95% 左右。其性质不稳定，宜保存在 $pH > 12$ 的碱性溶液中。

（6）氯氨 T：含有效氯约 35%。

（7）清水龙：含有效氯可达 48% ~52%。

（8）二氯异氰尿酸钠：属有机氯制剂，含有效氯 64%。

（9）三氯异氰尿酸：含有效氯 85%，性能稳定。

（10）琥珀酰氯亚胺：含有效氯 50% ~54%，为有机氯制剂。

（11）二氯二甲基乙内酰脲：含有效氯 66%，为有机氯制剂。

（12）噁唑烷酮：有效氯含量约 15%，溶解度为 1%，性能稳定，耐储存。

2. 含氯消毒剂的化学性能

（1）氯的水解。氯气或氯制剂溶于水中很快水解成次氯酸（$HClO$）。

（2）氯的离解。次氯酸在水中可以离解为 H^+ 和 ClO^-。

（3）有效氯。有效氯是指氯化物中具有氧化能力的氯的含量。有效氯含量的计算以纯的 $NaClO$ 为例，它的分子量是 74.5，氯在其中的质量分数为 $35.5 \div 74.5 = 47.7\%$，氯在 $NaClO$ 中为 +1 价，而消毒后氯为 −1 价，变化为 $+1-(-1)=2$，故 $NaClO$ 的有效氯含量为 $2 \times 47.7\% = 95.4\%$。几种氯消毒剂的有效氯含量列于表 1-4。

表 1-4　几种含氯消毒剂的有效氯含量

消毒剂	分子量	分子当量	实际氯含量/%	有效氯含量/%
Cl_2	71.0	1	100.0	100.0
HClO	52.5	1	67.7	135.4
NaClO	74.5	1	47.7	95.4
$Ca(ClO)_2$	143.0	2	49.6	99.2
NH_2Cl	51.5	1	69.0	138.0
$NHCl_2$	86.0	2	82.5	165.0

（4）结合氯。活性氯能与水中的氮化物起化学反应生成结合氯。结合氯包括一氯氨（NH_2Cl）、二氯氨（$NHCl_2$）、三氯化氮（NCl_3）以及有机氯胺等。三氯化氮是一种气味很强的气体，容易分解。一氯氨和二氯氨比较稳定，气味较轻。

（5）自由氯。自由氯也称游离氯，它是指水氯化消毒中的次氯酸分子（HClO）和次氯酸根离子（ClO^-）的总浓度。它是与结合氯相区别的有效氯。

（6）折点反应。氯与水中的氨氮起反应过程中，在含有同样氨氮的一组实验水中，分别逐渐增加氯量，经一定的接触时间，测定水样中的余氯总量，当加氯量被消耗到最大的一点时，称为氯化中的折点。氯和氨氮的这种反应称为氯化中的折点反应。在氯与氨氮的反应中，当加氯量与水中氨氮的重量比小于 5∶1 时，如果没有其他耗氯物质的影响，则加入水中的氯以一氯氨和二氯氨的形成出现。在折点以前阶段所存在的余氯大都为结合氯，在折点以后阶段的余氯为自由氯。

(7) 氯酚。如果水中含有微量酚类,氯与酚类起反应生成氯酚。氯酚有臭味,其在水环境中存在时,水中的鱼烹调后有令人厌恶的煤油味。

3. **氯对水的消毒效果**

含氯消毒剂的消毒效果随它的化学性能、存在状态和水质情况不同而差别较大。一般来说,自由氯的消毒效果比结合氯好,酸性条件下比碱性条件下的消毒作用强。

(1) 杀灭水中细菌繁殖体。在蒸馏水中,杀灭肠道致病菌繁殖体所需自由氯的量为 0.1mg/L,接触时间为 15 ~ 30s。在同样时间内,杀灭大肠杆菌和产气杆菌所需自由氯的量为 0.15 ~ 0.25mg/L。在不耗氯的水中,自由氯 0.07mg/L 以上,在室温下接触 3min,可以把水中肠道病菌杀灭。若用结合氯杀灭水中肠道致病菌,则需要的量为 1.2mg/L,接触时间为 20min。结合氯的杀菌作用比自由氯差。如果要全部杀灭水中的肠道细菌,当时间相同时,结合氯用量要比自由氯用量多 25 倍;当剂量相同时,结合氯所需的杀菌时间为自由氯的 100 倍。

(2) 杀灭水中病毒。肠道病毒对氯消毒剂的抗力一般比肠道细菌强。含有甲型肝炎病毒的净化水,当余氯为 1.08mg/L,接触时间为 30min 时,不能消除甲型肝炎病毒对人的感染性;当自由氯为 2.0 ~ 2.5mg/L,接触时间为 30min 时,能消除甲型肝炎病毒对绒猴的感染性。根据消毒试验证明,除腺病毒 3 型和呼肠病毒对氯的抵抗力比细菌低以外,大多数病毒对氯的耐力比细菌高 10 倍左右。结合氯杀灭病毒的效果比自由氯差。用结合氯杀灭脊髓灰质炎病毒Ⅰ型，pH为7，温度25℃，用量为9mg/L时需要接触30min；用量为6mg/L时需要接触1h；用量为0.5mg/L时需要接触7h。

(3) 杀灭水中细菌芽孢。灭杀细菌芽孢比一般细菌繁殖体所需自由氯的剂量高10～1 000倍。杀灭细菌繁殖体，只需自由氯0.15～0.25mg/L，接触15～30s；而杀灭厌氧性芽孢菌需自由氯1.0～4.0mg/L；对嗜氧性芽孢菌，在相同时间内则需自由氯18～280mg/L。

(4) 杀灭水中阿米巴包囊。在常温下(23℃)，pH为7～8，作用30min，杀灭阿米巴包囊的最低氯浓度为1.2～4.2mg/L。

结合氯比自由氯杀灭细菌和病毒的效果差，杀灭阿米巴包囊和细菌芽孢的效果更差。杀灭水中99%以上微生物的最低有效氯浓度如表1-5所示。

表1-5　杀灭水中99%以上微生物的最低有效氯浓度　mg/L

消毒剂	肠道细菌	肠道病毒	阿米巴包囊	芽孢
HClO	0.02	0.002～0.4	10	10
ClO^-	2.00	20	10^3	$>10^3$
NH_2Cl	5.00	10^2	20	4×10^2
Cl_2(pH 7.0)	0.04	0.8	20	20
Cl_2(pH 8.0)	0.10	20.2	50	50

注：水温5℃，接触10min。

二、二氧化氯

二氧化氯（ClO_2）为深绿色气体，具有与氯相同的臭味。ClO_2易溶于水，其水溶液呈黄绿色，敞开存放时，其浓度易下降。在低温、密闭和避光下保存，则十分稳定。ClO_2易爆炸，空气中浓度大于10%或水中浓度大于30%时，都具爆炸性，所以在生产中用空气或惰性气体来冲淡ClO_2气体，使其浓度低于10%。ClO_2在饮用水消毒剂中是仅次于O_3的强氧化剂。

用二氧化氯消毒饮用水有很多优点：它与水中的氨化物不起反应；与酚类反应不生成有厌恶气味的氯酚，还能脱去水中的色和味，改善水的味道；不像氯那样与水中有机物反应生成致癌的三氯甲烷；消毒效果不受水质、pH 的影响，因为它在水中不发生水解。

三、臭氧（O_3）

1. 臭氧的理化性能

O_3是一种具有特殊气味的灰蓝色气体，其密度为2.14g/L（0℃），沸点为－111℃，在水中的溶解度比氧大10倍。O_3的氧化能力比氯和ClO_2都强，它除有杀灭微生物的作用外，还可以去除水中的色和味。O_3不稳定，只能随用随生产，不能储存和运输。由于O_3消毒缺乏剩余消毒剂，故须使用第二消毒剂。

2. 臭氧对水的消毒效果

（1）杀灭水中细菌繁殖体。臭氧杀灭大肠杆菌，作用

5min,所需浓度为 0.19mg/L,对蜡样杆菌所需浓度为 0.12mg/L,对巨杆菌所需浓度为 0.19mg/L;作用 3min,对大肠杆菌的杀菌浓度为 0.22mg/L。

(2) 杀灭水中病毒。臭氧杀灭微生物的能力比氯高 600~3 000 倍。臭氧杀灭脊灰病毒,作用 2min,所需浓度为 0.05~0.45mg/L;而用自由余氯则需 0.5~1.0mg/L,作用 1.5~3h,才能达到相同的杀灭率。病毒对臭氧的抵抗力顺序为:科萨奇病毒 B_3 > 脊灰病毒Ⅲ > 脊灰病毒Ⅰ > 脊灰病毒Ⅱ > 科萨奇病毒 B_5。用臭氧杀灭饮用水中的病毒,使用浓度 3.0mg/L,作用 10min,便可达到卫生安全要求。

(3) 杀灭水中芽孢。臭氧杀灭蜡样杆菌芽孢和巨杆菌芽孢的浓度为 2.29mg/L,作用 5min;杀灭水中产气荚膜杆菌芽孢,浓度为 3mg/L,作用 5min,0.25mg/L 时,作用 15min。

四、过氧乙酸

1. 过氧乙酸的理化性能

过氧乙酸是一种无色液体,易溶于水,熔点 0.1℃,沸点 25℃。它的水溶液不稳定,10% 的过氧乙酸在 4℃ 下保存 12 周,浓度下降到 8%;在 20℃~25℃ 下保存相同时间,只余留 3%。高浓度的过氧乙酸有爆炸性。我国工业生产的过氧乙酸浓度约为 16%。

2. 过氧乙酸的消毒效果

过氧乙酸用于饮水消毒,加入量 10mg/L,作用 10min,可使澄清水达到消毒要求。过氧乙酸杀灭大肠杆菌,所需剂量为 25mg/L,作用时间仅需 2min;杀灭病毒需 20 倍以上的剂量；杀灭芽孢需200倍以上的剂量。

第四节 分散式给水的消毒

分散式给水，是指居民分散地直接从水源取水。分散式给水的水源如井水、泉水、河水、塘水、湖水等。

一、井水消毒

1. 对水井的卫生要求

水井应有井台、井盖与公用取水桶。水井周围30m范围内不得有渗水厕所、粪坑、垃圾堆、渗水井等污染源。

2. 井水量的计算方法

圆井水量(m^3) = [水面直径(m)]^2 ×0.8×水深(m)

方井水量(m^3) = 长(m)×宽(m)×水深(m)

3. 井水消毒方法

(1) 直接加药法。将配制好的消毒剂如漂白粉或漂白粉精直接倒入水井，搅动混合接触30min后测定余氯。游离性余氯应维持在0.2～0.5mg/L，总余氯为0.5～1.0mg/L。由于不断从井内取水及地下水的流动，井水不断更新，经过一段时间须重新测定余氯，余氯不足应立即投药。每日消毒的次数视取水量和井水水质而定。一般情况下，在夏、秋季节每天消毒2次左右，早、晚饭后进行；冬、春季节每天消毒1次，可在晚饭后进行。浅水井雨后污染较严重，应增加投药量。

不同直径和水深水井消毒的漂白粉用量可参考表1-6中的数据(按漂白粉含有效氯25%,加入水中的氯量为2.0mg/L计算)。

表1-6 不同直径和水深水井消毒的漂白粉用量 g

水深/m	水井直径				
	0.5m	0.8m	1.0m	1.8m	2.0m
1	1.6	6.1	6.4	14.4	25.6
2	3.2	8.2	12.8	28.8	51.2
3	4.8	12.3	19.2	43.2	76.8
4	6.4	16.4	25.6	57.6	102.4
5	8.0	20.5	32.0	72.0	128.0
6	9.6	24.6	38.0	86.4	153.6
7	11.2	28.7	44.8	100.8	179.2
8	12.8	32.8	51.2	115.2	204.8
9	14.4	36.9	57.6	129.6	230.4
10	16.0	41.0	64.0	144.0	256.0

(2)持续消毒法。由于井内一次消毒后,余氯仅能持续几个小时,反复加氯方可使余氯达到要求,但工作量较大。故在实际工作中,常采用持续消毒法,即将盛有消毒剂如漂白粉的各种开孔容器放在井内漂浮于水中,取水时振荡,氯液不断渗出与井水接触,能使水中经常保持适量的有效氯而对水进行消毒。装消毒剂的容器,可因地制宜选用塑料袋、

竹筒、陶瓷罐、小口玻瓶等，市场上也有持续消毒器产品出售。采用持续消毒法消毒时，应经常检查水中的余氯和细菌总数，根据消毒效果调节容器孔数，以达到适宜的消毒剂释放剂量。

容器内盛的漂白粉，其量可为一次消毒的 20～30 倍，调成糊状盛入。在竹筒、塑料袋或瓶盖上打 0.2～0.4mm 的小孔数个，将其悬在水井中，容器中的漂白粉溶液可借水的振荡而由小孔溢出。放入一次约可持续消毒 10～20d。可根据水中的余氯含量来确定容器中孔的大小及数目，以调节漂白粉溶液流入水中的量。

（3）应用缓释消毒片。缓释消毒片最早见于美国的专利产品，缓释期为 4～5d，主要用于游泳池水的消毒。1993 年我国军事医学科学院研制的饮水缓释消毒片，缓释期为 11.43 ±1.99d，崩解期为 10.5 ±2.2d。

缓释消毒片的杀菌成分在水中缓慢而持续地释放，更有利于饮用水消毒；而漂白粉精片的杀菌成分一次性释放，5h 左右达到释放高峰。缓释消毒片与漂白粉精片的其他比较见表 1-7。

表 1-7　两种消毒片性能的比较

消毒剂	有效氯含量/%	储存期/年	每片有效氯含量/mg	每月投加次数
缓释消毒片	84	3	840	1
漂白粉精片	50	2	300～350	20～30

为了延长、降低缓释消毒片的释放高峰，使用时将片剂

放入缓释消毒器中，将装有缓释消毒片的容器投于水体中。无论是实验室结果还是现场试验结果，水体里各部位余氯分布均匀，详见表1-8。

表1-8　某岛储水池中缓释消毒药械合用余氯的分布

时间/d	余氯含量/(mg·L^{-1})			
	上部	中部	下部	末部
5	0.59	0.48	0.47	0.41
10	0.88	0.90	0.72	0.45
15	0.10	0.82	1.28	0.74
20	0.20	0.50	0.28	0.19
25	0.23	0.15	0.48	0.23
30	0.16	0.11	0.10	0.13

从结果可以看出，在静态储水条件下，使用缓释消毒药械消毒储水，余氯在水体中各部位的分布是较为均匀的。用缓释消毒药械消毒动态蓄水时，所取得的结果与静态时相同。

缓释消毒药械可用于井水、河水、高层建筑二次供水、雨水、雪水的消毒。消毒井水时，可根据每天用水量，将定量缓释消毒片放入缓释消毒器中，直接投入井中，在1个月左右的时间内不用采取任何管理。水源水较为清洁时，每吨水加25～30片缓释消毒片；污染严重的水源水应适当增加缓释消毒片的用量，以35～40片为宜。

最近研制成功的二溴海因缓释块，可用于积水（特别是井水和地面水）和游泳池水消毒。将缓释块挂在水中，使水中保持 2 ~4mg/L 有效溴，每块使用时间可达 4 ~8 周。二溴海因用于饮用水消毒的优点是不产生可致癌的三氯甲烷。

二、泉水、河水、湖水、塘水的消毒

泉水、河水、湖水和塘水的消毒，可取至缸、池中再进行。如果这些水源水浑浊度较低，可直接消毒；如果浑浊度较高，则须用明矾等进行混凝沉淀后再加消毒剂处理。

第五节　二次供水的消毒

二次供水是指将来自公共设施供水和自备设施供水的管道水另行加压或储存，再送至水站或用户的供水，其设施包括水箱、水池、水塔、水泵等。

二次供水是饮用水供水的一种形式，是集中式供水管网的延伸。二次供水水质的优劣，直接影响到居民的身体健康，因二次供水管理不善而引起的污染事故时有发生。二次供水消毒的目的就是要杀灭供水中的病原微生物，保证饮用水的生物安全性。

二次供水设施使用前必须进行清洗和消毒。对所有进入水箱（池）备用的工具包括工作人员的雨靴均需事先作消毒处理。首先，切断进水供水阀，打开排污阀，将水放尽，清除水箱（池）底部和四周的沉积物，用自来水喷射四壁，并用硬尼龙刷刷洗（玻璃钢等合成树脂材料水箱用软布擦洗），直至清洗水透明为止；然后，用3%～5%的漂白粉溶液或相同有效氯含量的其他含氯消毒剂喷洒或浸泡整个水箱（池），1h后排空，再用自来水冲洗内壁数次待用；最后，将自来水放至正常使用容积，用持续消毒器进行消毒，使水箱（池）水中游离余氯含量不低于0.05mg/L。持续消毒器要定期更换，水箱要加盖上锁，防止污染。清洗消毒单位对水箱消毒后，应立即委托相关部门对供水水质余氯、大肠菌群、细菌总数等指标进行检测，必须合格才可饮用；检验不合格的，应重新清洗消毒。

第六节　灾害期间的饮用水消毒

灾区是指发生自然灾害和突发事件的地区。自然灾害包括旱灾、涝灾、地震等，突发事件包括传染病暴发、生物战以及饮用水污染事故等。突发事件发生后，应尽快查明原因，采取针对性的防控措施，注意保护好饮用水水源，加强饮用水消毒，确保饮水安全。下面介绍洪涝灾害、干旱灾害和地震灾害期间的饮用水消毒。

一、洪涝灾害期间的饮用水消毒

洪涝灾害期间饮用水水源的水中一般含有大量泥沙，浑浊度高；水体受人、畜粪便污染，垃圾、粪便、动物尸体等各种杂物进入水体，有机污染严重，高温气候时水体易腐败；农药、化肥、工业废物等化学品冲入水中，可能有剧毒物质存在。在上述诸多问题中，致病微生物污染、水质感官性状恶化和有毒物质污染是洪涝灾害期间影响饮用水卫生的主要因素。

在做好饮用水水源的选择与保护、对饮用水进行混凝过滤处理的同时，为保证其卫生要求，尚需对其进一步消毒后才能饮用。煮沸是十分有效的消毒方法，在有燃料的地方就可采用。使用净水器也是水质净化消毒的有效方法之一，在有条件时可以采用。但在洪涝灾害期间，最主要的饮用水消毒方法是采用化学消毒剂消毒，具体的消毒方法参照本章相关内容。

在洪涝灾害期间净化消毒设施完善的自来水厂如仍能维持正常运转，对其主要要求是针对灾期水源污染严重、管网倒渗机会增多等特点，提高饮用水消毒的加氯量，使水厂出厂水的余氯保持在 0.7mg/L 左右。

对于在洪涝灾害期间受淹的水厂或水井，要先进行清掏、冲洗和消毒，然后再运转或使用。被洪水淹没过的水源或供水设施重新启用前必须清理消毒，对于管网、净水构筑物和蓄（清）水池内部则宜采用 0.02% 的漂白粉溶液（相当于有效氯 50mg/L 左右），浸泡 24h 之后排空，并用净水重新清洗干净。如果需求紧迫，则可采用 0.04% 的漂白粉溶液（相当于有效氯 100mg/L 左右）浸泡 1h。在消毒与再次冲洗结束后，应取样进行细菌学检验，合格之后方能投入使用。经水淹的井必须进行清掏、冲洗与消毒，具体操作方法为：先将水井掏干，清除淤泥，用清水冲洗井壁、井底，再掏尽污水，待水井自然渗水到正常水位后，进行超氯消毒，漂白粉投加量按井水量以25～50mg/L有效氯计算，浸泡12～24h后，抽出井水，再待自然渗水到正常水位后，按正常消毒方法消毒，检验余氯（有条件时还应检验细菌学指标）合格后即可投入正常使用。

二、干旱灾害期间的饮用水消毒

干旱灾害对生活饮用水最大的威胁是水源选择变得不易。由于干旱，集中式供水取水口因地表水水位下降而取不到水或取水量不足，从而引起水厂供水量不足，给人民群众的正常生活带来困难。在旱灾期间，一方面，水厂要减少对工业等行业的供水，以最大限度地满足生活用水的需要；另一方面，要寻找新的饮用水水源，应优先选择其他地面水源，经过混凝、沉淀、过滤和消毒后再饮用。其次，可将工厂自备井水、农业灌溉用水或消防用水经过严格的消毒处理后再供水。最后，也可将小型压把井水消毒后饮用。具体的消毒方法参照本章相关内容。用于送水的工具，无论是消防车、洒水车、水箱（可用卡车、拖拉机、船只拖运）、盛水船舱、塑料水桶或临时送水管道，在正式送水前必须进行彻底的清洗消毒。可用0.02%的漂白粉溶液（或其他有效氯50mg/L的含氯消毒剂），浸泡24h之后排空，并用净水重新清洗干净。如果需求紧迫，则可采用0.04%的漂白粉溶液（相当于有效氯100mg/L左右）浸泡1h。在消毒完毕后，应取样进行细菌学检验，合格之后方能投入使用。另外，待运自来水的余氯含量至少要达到0.5mg/L。分水时要设专用清洁工具，车船水储存时间不超过两天，中间按20片/吨加一次漂白粉精片或其他消毒剂，以确保饮水卫生。

三、地震灾害期间的饮用水消毒

地震后，建筑物与环境普遍遭受破坏，厕所倒塌，粪便、垃圾、污物大量堆积，下水道堵塞，尸体腐化等，都会对水体造成污染。城市集中式供水设施损坏严重，泵房倒塌，管道断裂，供电与供水中断；分散式给水设施一般损坏程度相对较轻。

强烈地震后应尽快采用快速检测箱对各种可能供水的水源（包括游泳池水、澡堂水、坑塘水等）水质进行检测，以确定其饮用的安全性，同时应根据水源水的清洁（或污染）程度，采用相应的净化消毒措施。不同水质水的净化消毒方法参照本章相关内容。

此外，对于就地取用井水或其他非自来水的水源水的供水车或水桶，在取水的同时就应根据水箱（桶）的容积投入相应量的消毒剂，并保证接触30min余氯含量不低于0.7mg/L。向灾区运送的漂白粉（或漂粉精），特别是用于分散式给水消毒的，最好用小塑料袋密封包装。

第二章 新农村改厕

第一节 卫生厕所与粪便无害化

一、卫生厕所

厕所是指人类修建的用于排泄大小便的特定场所。厕所可分为设置于居民家庭供一家一户使用的户厕和设置于公共场所、单位及其他地方具有公众使用性质的公厕。卫生厕所是指具有适合如厕的厕房(有墙、有顶、有门),厕室内清洁、无蝇蛆、基本无臭味,便器无粪迹、尿迹,贮粪池不渗、不漏、密闭有盖,粪便按规定清出并进行无害化处理的厕所。

二、粪便无害化和无害化卫生厕所

粪便无害化,是指有效降低人类粪便中的生物性致病因子数量,使病原体失去传染性的处理措施。

无害化卫生厕所,是指符合卫生厕所条件要求,并具有粪便无害化处理功能,按规定清理出的粪便达到《粪便无害化卫生标准》的厕所。在我国农村改厕建设中,目前被列入无害化卫生厕所类型的主要有三格化粪池式厕所、粪尿分集式厕所、双瓮漏斗式厕所、沼气池式厕所和完整下水道水冲式厕所等。

三、农村改厕的必要性

在农村地区，由于生活习惯、思想观念、经济和自然条件等多种因素的影响，居民家庭使用的厕所普遍比较简陋。简陋的厕所除了让人如厕时感到不舒服外，最主要的是污染环境，给人类带来疾病。例如，露天的粪坑蝇蛆滋生，苍蝇作为一种病媒生物给人类传播疾病；渗漏的厕坑污染浅层地下水，粪便中的寄生虫卵、病毒、细菌在施肥过程中污染土壤及农作物，导致人类饮用水和食物被污染而感染疾病。因此，我们要对这些厕所进行改造或改建，在农村逐步普及卫生厕所和无害化卫生厕所。这项工作被称为农村改厕。

四、农村改厕的意义

开展农村改厕，既有社会效益，也有经济效益。社会效益方面，改厕后农村居民减少了粪便污染带来的疾病，提高了健康水平；农村家庭改厕后改善了人居环境，居民们养成了良好的如厕习惯，健康行为得到了促进，同时提高了生活质量，农村精神文明也得到了促进和发展。经济效益方面，一是农村居民疾病减少，节省了吃药看病的费用；二是农村环境的改善，促进了农村地区集体和个人开展经营活动和吸引外部投资，促进了地区经济的发展。近年来，党和政府开展社会主义新农村建设，使农村改厕也成为新农村的一项重要工作内容。

第二节 厕所建造技术

国家制定了《农村卫生户厕卫生标准》，对农村卫生户厕的建设结构、高度、通风、采光、照明、配制及贮粪池的建造等提出了指导性意见和相关的标准。

一、卫生厕所的类型

目前使用较多的卫生厕所有下列几种：

1. 三格化粪池式厕所

三格化粪池式厕所是一种应用较广的卫生厕所。从名称上可以看出，这种厕所的化粪池是三格式结构的。三格化粪池式厕所粪便无害化处理效果好，厕室基本无臭味，不同地域适应性强，既适合我国南方地区，也适用于北方地区。该类厕所由厕房、便器和三格化粪池等几部分组成，其核心部分是三格化粪池。三格化粪池的结构特点是化粪池分成三格，分别为1格、2格和3格，容积比例为2∶1∶3。根据其主要功能，三格可依次称为截留沉淀与发酵池（1格）、再次发酵池（2格）和储粪池（3格）。三格之间有两个过粪管相连，化粪池加盖封闭。

三格化粪池粪便无害化处理的流程是：粪便首先进入1格发酵分层，寄生虫卵沉淀，过粪管截留粪皮粪渣，1格粪液采取中层过粪形式从过粪管进入2格;进入2格的粪液继续发酵,残余的寄生虫卵继续沉淀,粪液经过粪管进入3格贮存粪液。三格化粪池主要是利用过粪管阻拦粪渣粪皮、粪便厌氧发酵、寄生虫卵自然沉淀的原理,对粪便进行无害化处理。

一般水至1格过粪管管口处,便于粪便化解分层,实现中层过粪。另外,如厕时不要将可能堵塞过粪管的杂物扔到化粪池,防止过粪管被堵塞。若过粪管堵塞,三格化粪池将失去粪便无害化处理功能。三格化粪池式卫生厕所在使用管理上还要注意及时清理第三格内的粪液,防止粪液溢出,影响粪便无害化处理效果。同时,还要定期清理三格池底的粪渣,防止粪渣积累至过粪管进粪口处,影响过粪管过粪。

2. 粪尿分集式厕所

粪尿分集式厕所是利用粪与尿不同的生物特性,分别收集、处理、利用。粪尿分集式厕所是一种防蝇,无臭,可使粪便无害化,不污染外环境,节水,可回收尿肥、粪肥,适用范围广泛的生态卫生厕所。粪尿分集式厕所是一种新型旱厕,把数量较多且不含病原体的尿直接利用,粪便单独无害化处理,处理的粪便作为优质农家肥用于农作物,实现生态上的循环。这种厕所基本不用水冲,这点对缺水地区尤为可贵。粪尿分集式厕所对粪便采取干燥脱水的处理办法,可从源头上杀灭病原体。

粪尿分集式厕所将粪和尿分别收集,这是通过一种专门设计的便器来实现的。整个结构非常简单,除便器外,包括排尿管、贮尿桶、粪坑、排气管等。粪尿分集式便器与传统便器的最大区分点是这种便器有两个排出口,前部口径较小的孔用来排尿,孔下端接排尿管,排尿管与贮尿桶相连接;后部口径较大的孔是排便用的,下端与粪坑相连,排粪孔有盖,防止苍蝇等昆虫进入粪坑,也起阻止臭气外溢的作用。贮尿桶一般采用塑料材质的桶,收集存放最好有盖,密封状态下尿中的氮损失较小。粪坑根据房屋结构及周围环境情况可设计为双坑交替、单坑太阳能等多种类型,便器与粪坑可直接连通,也可通过一根导管连接。粪坑只接受粪便和少量的草木灰或泥土等覆盖物,尿液、水等液体要绝对避免进入粪坑。粪坑容积一般为 $0.6m^3$ 即可满足 5~8 人家庭的需要。粪坑有出粪口,大小一般为 30cm×30cm 即可。出粪口可做成木门、铁门或用砖块加泥浆封堵,由于半年以上才开启一次,不会给使用带来太大的麻烦。粪坑顶部一角预留直径 100mm 的孔,用来安装排气管。粪便在坑内脱水干燥,容积会缩小,加入草木灰除有吸水吸臭的作用外,还能提高 pH,在这些因素的综合作用下,经过半年以上的时间,粪便就可达到无害化的要求,如有条件将厕所建成太阳能式则无害化效果更佳。干燥后的粪便无臭松散,是优良的土壤改良剂。排气管一般用直径 100mm 的塑料管,长度以高出屋顶 1m 为宜。

3. 双瓮漏斗式厕所

双瓮漏斗式厕所是一种结构简单、造价较低的卫生厕所类型,主要由漏斗形便器、前后两个瓮形储粪池、过粪管、后瓮盔和厕房组成。

漏斗形便器设置于前瓮的上口,不用水泥固定,可随时拱起,以方便从前瓮清渣。前瓮建于厕室地下。有的地方将前瓮建在厕室外地下，便器下面连一进粪管，通到厕室外的前瓮内。漏斗形便器宜用陶瓷制作，有的用水泥预制，其表面涂一种高分子涂料，增加其光滑性。表面光滑、吸水率低，则有利于粪便的冲洗和下滑。漏斗形便器置于前瓮上部，可增加粪池的密闭性，使前瓮内呈黑暗状态，可阻断蝇类繁殖，因而具有防蝇、防蛆和部分防臭的功能。漏斗形便器应配一个外形和池口相似的带柄的盖，平日塞住漏斗口，便于提起和便后盖严。前后瓮粪池呈瓮形，中部大、口小，一前一后，前瓮略小，后瓮相对大一些。前瓮粪便的有效停留时间为40天以上，以利于其充分发酵。

双瓮漏斗式厕所建设，应确保标准统一、部件配套，由专业队伍施工安装。漏斗形便器应安放在前瓮的上口，厕室抹水泥地面时应防止将漏斗形便器固定，以便以后清渣时取下。过粪管应从前瓮的中下部、后瓮的中上部开口连接，前低后高，以便起到中层过粪的作用。

新建厕所使用前，要在前瓮加入一定量的水，深度以稍淹没过粪管下口为宜，便于粪便化解分层，实现中层过粪。另外，如厕时不要将可能堵塞过粪管的杂物扔入化粪池，防止过粪管堵塞。过粪管堵塞，厕所将失去粪便无害化处理功能。厕所在使用管理上还要注意及时清理后瓮内的粪液，防止粪液溢出，影响粪便无害化处理效果。同时，还要定期清理前瓮池底的粪渣，防止粪渣积累至过粪管进粪口处，影响过粪管过粪。一般情况下，前瓮的粪渣每年清除一次。

4. 沼气池式厕所

沼气发酵池式厕所简称为沼气池式厕所，适用于我国南部农村地区，在北方寒冷地区只要处理好冬季防冻问题（如将沼气池建在暖棚内），沼气池式厕所的应用效果也比较好。推广沼气池式厕所，既能减少和控制随意排放粪便对环境的污染，有利于对粪便进行无害化处理，切断粪便传播肠道传染病和寄生虫病的途径，又能为农户提供沼气这种新能源，提供优质的农家肥。建设沼气池式厕所是一项集能源、卫生、肥料为一体的综合建设工程，一举多得，效益显著。

5. 完整下水道水冲式厕所

完整下水道水冲式厕所是城市化、楼房居民区常用的一种卫生厕所。这种厕所在城市家庭中普遍使用。完整下水道水冲式厕所的建造与楼房住宅的设计建造是同步进行、同步完成的。这种厕所清洁、无臭味、便器干净、粪便集中进行无害化处理，效果很好。但是，完整下水道水冲式厕所在农村改厕工程中的应用有一个前提条件，就是施工地点须具备市政给排水条件。

6. 通风改良坑式厕所

通风改良坑式厕所是我国西北地区推广的一种卫生厕所类型。该类厕所对于干旱少雨、气候干燥地区具有较强的实用性。通风改良坑式厕所主要由厕坑、蹲台板、通风管和地上部分组成。该类厕所可在自然条件下，使粪便长期酵解后成为腐殖质，病原微生物、寄生虫卵逐渐被杀灭，达到粪便无害化。该类厕所通风、防蝇、防臭效果好，技术简单，造价低廉，便后不需水冲洗，能较好地满足卫生的要求，适用于我国西北部少雨干旱地区。

根据厕坑的数量，通风改良坑式厕所又可分为单坑式、双坑式和多坑式。贮粪坑壁可用砖或石块、土坯等全砌，如地下是较深的粘土层而不会塌陷，也可不用砖石等砌壁。厕坑底部也可用三合土夯实，厚度为100mm。在地下水位较高的地区不宜采用。

通风改良双坑式厕所是由两个结构相同又互相独立的厕坑组成的。先使用其中的一个，当该厕坑粪便基本装满后用土覆盖将其封死，再启用另一个厕坑；第二个厕坑粪便基本装满时，将第一个坑内的粪便全部清除重新启用，同时封闭第二个厕坑，这样交替使用。在清除积粪时，坑中的粪便自封存之日起已至少经过半年至一年的发酵消化，完全达到无害化的要求，成为腐殖质，可安全地用作肥料。

通风改良多坑式厕所，是根据需要建造数个双坑系统，使之并联在一起；也可以将数个单坑系统并联，但是各个系统都要有独立的通风管，否则会造成通气不均匀，影响除臭效果。

7. 阁楼式厕所

阁楼式厕所在青海、西藏一些地区较为常用。它类似于通风改良单坑式厕所，属旱厕，造价低廉。厕所粪坑部分全部建在地面以上，用土坯或干打垒砌成粪坑壁和厕所围墙，高约3m，粪坑壁与厕室围墙衔接处架以多根木檩，供放置木制蹲板用。取粪口设在粪坑侧壁。取粪口旁设有发酵粪坑（池），粪便经堆肥处理后施用。厕所旁有多层台阶供人上下，形似阁楼。建造完善的阁楼式厕所，有屋有门，能防风防雨，厕室围墙备有通风窗口，蹲板的厕孔上面配一个比厕孔稍大的带柄可提起的木盖，或在厕孔处安置漏斗形便器并使之周边密封，用少量水刷洗便器使之清洁。

二、卫生厕所类型的选择

1. 血吸虫病区的卫生厕所

我国血吸虫病区的自然气候条件一般是水域辽阔、空气湿度大、气温偏高。血吸虫病的传播途径，主要是血吸虫病人粪便污染江河湖等水体，人们通过生活饮用水、水田耕作、江河湖水域作业等途径感染血吸虫病。在血吸虫病区，开展改厕，切断粪便污染这个源头，对预防和控制血吸虫病具有十分重要的作用。在血吸虫病区，那些适用于干燥气候的厕所类型是不适用的，粪尿分集式厕所的粪便脱水干燥也受到空气湿度的影响。三格化粪池式厕所和沼气池式厕所的化粪池防渗漏性能好，粪便无害化效果好，适合血吸虫病区的自然气候条件。近些年改厕实践逐步证明，三格化粪池式厕所、沼气池式厕所在血吸虫病区的应用效果较好，是卫生厕所在血吸虫病区应用较为成功的类型。因此，国家确定将这两种卫生厕所作为血吸虫病区的主要改厕类型。

2. 寒冷地区的卫生厕所

我国北方地区气候寒冷，修建卫生厕所必须考虑冬季的使用问题。冬季温度低，厕所室内的环境温度将直接影响厕所的运行效果，当厕所室内温度在0℃以下时，便器内滞留的粪尿和冲水就会结冰，温度过低还会影响化粪池的发酵。针对北方的寒冷气候，修建卫生厕所可采取如下措施：

（1）将三格化粪池式厕所的化粪池深埋或在化粪池上面覆盖保温层，厕室设置于户内，便器连接的进粪管由地下穿墙进入户外化粪池，构成了厕室设置于户内型式的三格化粪池式厕所。

（2）将三格化粪池式厕所的化粪池深埋或在化粪池上面覆盖保温层，户外厕房设在化粪池上方，新型大孔便器垂直设置于第一格上部，形成了防冻式三格化粪池式厕所。

（3）将双瓮漏斗式厕所瓮体上的颈部加长，双瓮深埋于冻层之下，形成了防冻式双瓮漏斗式厕所。

（4）将沼气池式厕所建于暖棚之内，既解决了防冻问题，又与暖棚蔬菜种植、暖棚家畜家禽饲养结合起来，形成了生态一体化厕所。

（5）西北地区根据本地气候特点采用通风改良式、阁楼式厕所等，也取得了较好的效果。

第三节　粪便处理

一、粪便的无害化处理

目前，我国农村的粪便无害化处理方法主要有沼气池发酵处理、三格化粪池处理、密闭贮存发酵处理、粪尿分集式厕所粪便脱水干燥处理和高温堆肥处理等。

沼气池发酵处理、三格化粪池处理、密闭贮存发酵处理是将粪便贮存于沼气池、三格化粪池、双瓮体等封闭的缺氧环境中，在一定的温度、pH、含水率、碳氮比等条件下，经过微生物(厌氧菌)作用发酵,有效降低生物性致病因子(寄生虫卵、病毒和细菌等)数量的过程。

二、 粪便的应急处理

当发生与粪便传播有关的传染病疫情时,需要对人畜禽粪便进行应急处理。粪便应急处理可采用密闭高温堆肥处理和漂白粉、生石灰搅拌处理等方法。

1. 密闭高温堆肥处理方法

对于粪便存量较大或能够做到集中处理的,可采用密闭高温堆肥处理方法。该方法既经济实用,又便于监测评价和管理。具体操作方法为:在距水源、居民区、道路较远,背风向阳的地方,选择空地,将地面平整打实,铺上一层10～12cm厚的干塘泥或干细土,以便吸收渗下的粪液;然后铺上一层厚约25～30cm的碎短秸秆或杂草并掺撒粪便,再撒放约占原料2%～3%的石灰,泼洒一些粪水,上铺厚约7cm的沟坑泥或碎土;以后依次重复加原料逐层堆积,堆高约1.5m,宽约2m,长度视材料多少而定。堆积时下层要松一些,上层要逐次稍为踩压紧实,这样通透条件好。堆好后覆盖塑料薄膜,用20～30cm厚细土压实,以减少水分蒸发,便于堆内升温发热,发酵腐熟。为了便于通气和加水,在开始堆积时用秸秆编扎成长1.5m、粗约10cm的秆束,每隔1m左右自底部向上竖立一条秆束作为气孔,以后补充水分或液体肥料时即可由气孔缓缓灌入。

在堆积10天后,可用温度计来测堆肥中30cm深处温度,当堆肥温度升至50℃以上,持续5～7天,便可达到无害化。

2. 漂白粉、生石灰搅拌处理方法

漂白粉、生石灰搅拌处理方法一方面可以造成极端的pH环境，另一方面可以利用漂白粉中的有效氯进行消毒。具体操作方法为：在距水源、居室、道路较远的地方，选择空地，整理平坦后踩实，先在地面撒上一层漂白粉，然后将粪便与漂白粉分层添加，漂白粉与粪便的比例为1∶1，用铁锹搅拌均匀并洒水至漂白粉湿润后，覆盖塑料薄膜并用土磊实，封闭24h以上。

采用生石灰搅拌粪便进行消毒处理，也有一定的无害化处理效果。生石灰搅拌处理的具体操作方法为：将粪便与生石灰（20%～30%）搅匀加湿，测定混合物的pH，确认pH达到11以上并保持24h。但是，由于生石灰搅拌处理方法的效果评价目前还无充分的依据，因此，生石灰搅拌处理方法仅供参考。

三、粪便无害化卫生标准

为了规范全国城乡垃圾、粪便无害化处理效果的卫生评价，为建设垃圾和粪便处理构筑物提供卫生设计参数，1987年卫生部组织专家制定了《粪便无害化卫生标准》（GB7959—87）。《粪便无害化卫生标准》对搞好粪便卫生管理和无害化处理、加强除害灭病的技术指导、改善城乡环境卫生面貌、保障人民身体健康具有重要意义。

《粪便无害化卫生标准》包括高温堆肥和沼气发酵标准参数及监测检验方法。

堆肥是指以垃圾、粪便为原料的好氧性高温堆肥。高温堆肥卫生标准：最高堆温达50℃～55℃，持续5～7天，蛔虫卵死亡率95%～100%，粪大肠菌值10^{-1}～10^{-2}，有效地控制苍蝇滋生，周围没有活动的蛆、蛹或新羽化的成蝇。

沼气发酵是以粪便为原料，在密闭厌氧条件下的厌氧性消化。沼气发酵的卫生标准：密闭贮存期30天以上，高温沼气发酵温度51℃～55℃，持续2天，寄生虫卵沉降率95%以上，在使用的粪液中不得检出活的血吸虫卵和钩虫卵，粪大肠菌值在常温沼气发酵下为10^{-1}，高温沼气发酵下为10^{-1}～10^{-2}。

第四节 改厕中存在的问题及对策

一、改厕中存在的问题

1. 缺乏正确的认识

改建卫生厕所是一项庞大的社会工程，需要政府组织，全民参与。虽然县、乡、村党政领导都十分重视初级卫生保健工作，但是具体到农村改厕，普遍认为是农村卫生工作的老大难问题，都不愿像抓经济、抓生产那样下大力气抓改厕。加之千百年来一直使用简陋厕所的观念在农民群众中根深蒂固，认为改不改厕是无关紧要的小事，仍然习惯使用土茅坑，对改建卫生厕所以预防疾病、增进健康认识不足。

2. 缺乏足够的资金

改厕必须有一定的资金保障。改建一个卫生厕所需耗资300元左右，若建沼气池式卫生厕所则需近千元，在有的贫困山区县，改厕资金的筹集成为一大难题。虽然在改厕的起步阶段，出台了如减免、补助经费等优惠政策，极大地调动了农民改厕的积极性，但仍有大部分农民虽然想改建卫生厕所，却拿不出足够的改厕资金，严重制约着改厕工作的深入开展。

3. 缺乏技术指导和后期管理

改建卫生厕所需要一支训练有素的施工技术队伍。由于改厕工作面广，施工技术人员跟不上，致使改建的部分卫生厕所达不到技术要求，以致产生漏水、堵塞、发臭等故障，影响厕所正常使用。同时由于试点阶段选的均是较为富裕村中的富裕户，这部分农户后来大都新盖了住房，原改建好的卫生厕所在盖房时大部分被损坏，还有部分厕所因管理不善而闲置未用，造成了不必要的浪费。

4. 缺乏政策支持

农业部授权宣布取消农村改厕"达标"活动，只是针对某些地区对农村改厕工作提出不切实际的过高要求而给经济不发达地区以及生活尚不十分宽裕的农民加重了不少负担的情况而提出的，并不是取消农村改厕工作，但这对农村改厕工作进一步开展影响较大。受此影响，近几年农村改厕工作几乎是停滞不前。

二、加强农村改厕的对策

1. 狠抓观念更新

切实加强领导开展农村改厕，必须更新观念，转变思想。只有观念更新，才能切实加强领导。只要思想认识提高，领导重视加强，政策措施落实，农村的改厕工作就一定能够抓好。一是要提高各级政府的思想认识，奠定农村改厕的领导基础。党政领导是各项工作的支持者和开拓者，只要领导亲自抓，再难的问题都能迎刃而解。二是要提高广大农民的思想认识，奠定农村改厕的群众基础。通过大力开展健康教育，宣传粪便的危害性和改厕的重要性，逐步改变陈规陋习，树立讲文明、讲卫生的思想意识，唤起群众改厕的积极性。同时，引导农民群众的消费，把应有的资金投入到改厕中来。

2. 政策要到位

在农村改厕中，筹集资金是一个重要环节。在群众自愿投资的基础上，国家和地方财政要大力扶持，政策上予以倾斜，投入必要的启动资金、奖励资金和宣传活动经费。按照“谁受益，谁负担”和“民办公助，以民为主”的原则，采取国家补一点、集体贴一点、个人集一点的办法多渠道筹集资金。同时，违背农民意愿的乱集资、乱摊派、乱收费要坚决停下来。

3. 加强技术指导

农村改厕工作，只有依靠科学技术，以技术为先导，才能保证改厕质量。一是要层层培训技术人员，上下形成一支精干的改厕专业技术队伍，专门负责本地区改厕规划、设计、施工、维修等事宜，为农民提供方便适用、造价低廉、群众乐于接受、符合卫生要求的卫生厕所。二是要积极探索适合本地特点的卫生厕所形式，因地制宜，分类指导，不搞一刀切。三是要经常不断地向农民群众宣传科学管理知识，指导农民使用和管理好卫生厕所，巩固改厕成果。四是要以村为单位建立管理制度，经常检查督促，表扬使用管理好的农户，不断强化使用卫生厕所和用发酵粪液施肥的文明卫生习惯，使卫生厕所充分发挥健康效益。

4. 考核评估

（1）项目完成状况评估的内容包括：项目组织管理、资金使用情况、项目任务完成情况、户厕建设质量、技术指导与健康教育、卫生厕所使用与管理、粪便无害化效果、环境卫生改善情况、农村户厕建设长效机制的建立等。项目完成后，各区县先进行自我评估，市爱卫办再组织市级评估。

（2）评估的方法包括现场勘查、资料（包括文字资料、声像资料、检验资料等原始材料）审核、群众访谈三个方面。

（3）市爱卫办适时开展改厕项目效益评价工作。

第三章 农村常用消毒知识

第一节 概 述

一、消毒的目的和意义

病原微生物由传染源排出后，可在自然界存活一定时间，其长短随种类与环境而定，短则数小时，长可数天以至数年之久。病原微生物在自然界存活愈久，引起危害的机会愈多。为防止这些病原微生物的扩散，预防感染性疾病的发生和流行，就必须及时做好消毒工作。在卫生防疫工作中，消毒是指杀灭或清除传播媒介上的病原微生物，使其达到无害化的程度。若将传播媒介上的所有微生物全部杀灭或清除，达到无菌程度，则称为灭菌。消毒不需要达到灭菌要求，而灭菌一定能达到消毒的目的。消毒可以杀灭或清除传播媒介上的病原微生物，切断传播途径。消毒成功与否，密切关系到人们的健康。因此，消毒的目的是控制和消灭传染性或感染性疾病的病原体，以预防其扩散和感染，保障人员健康。

二、消毒的分类

按照卫生防疫的目的，消毒可分为预防性消毒与疫源地消毒。

1. 预防性消毒

没有明确的传染源存在，对可能受到病原微生物或其他有害微生物污染的场所、物品和人体等进行的消毒，称为预防性消毒。例如，对公共场所、公用物品、饮用水、餐具以及医疗部门的门诊、病区、办公区、医疗器械等进行的消毒，均为预防性消毒。

2. 疫源地消毒

在有传染源（病人或带菌者）存在时进行的消毒，称为疫源地消毒，如对病人的排泄物、分泌物、污染物品（衣服、用具等）以及住室等的消毒。疫源地消毒又分随时消毒与终末消毒。随时消毒是为及时杀灭或清除传染源排出的病原微生物而随时进行的消毒。终末消毒则是指传染源离开后，对疫源地进行的最后一次彻底消毒，如传染病病人出院、转院或死亡后对病人住所进行的消毒。

三、消毒的方法

1. 物理消毒法

利用物理因子作用于病原微生物，将之杀灭或清除，叫做物理消毒法。物理因子按其在消毒中的作用可分为五类：

（1）具有良好灭菌作用的因子，如热力、微波、红外线与电离辐射等。其中微波与红外线的作用主要依靠的仍然是产生的热。这一类物理因素杀灭微生物的能力很强，处理时较易达到灭菌要求，目前多已广泛用于实际工作。

(2) 具有一定消毒作用的因子，如紫外线、超声波等。利用这些因素，可杀灭大部分微生物，但超声波的杀菌作用较弱。紫外线已广泛用于空气、表面与水的消毒。

(3) 具有自然净化作用的因子，如日光照射、干燥等。它们杀灭微生物的能力有限，仅在自然净化中发挥作用。

(4) 具有除菌作用的因子，如清洗、机械清除、通风与过滤除菌等。它们虽不能杀灭微生物，但可将其从传播媒介上去掉，因此仍不失为消毒措施中的有效方法，在卫生防疫工作中使用也较为普遍。

(5) 具有辅助作用的因子，如真空、磁力、压力、光催化剂等。它们为微生物的杀灭、抑制或清除创造有利条件。例如，真空能去除容器中的氧气，有利于抑制某些微生物的生长与繁殖；磁水冲洗污垢，效果较好，有利于清除沾染的微生物；加压可促进药物的穿透，有利于缩短消毒时间。

2. 化学消毒法

利用化学消毒剂杀灭病原微生物的方法叫做化学消毒法。理想的消毒剂应具备下列条件：① 杀菌谱广；② 有效浓度低；③ 作用速度快；④ 性质稳定；⑤ 易溶于水；⑥ 可在低温下使用；⑦ 不易受有机物、酸、碱与其他物理、化学因素的影响；⑧ 对物品腐蚀性低；⑨ 无色、无味、无臭，消毒后残余药物易于去除；⑩ 毒性低，不易燃烧爆炸；⑪ 价格低廉，便于运输，可大量供应。

目前，尚无完全满足上述条件的消毒剂，因此使用时只能根据具体要求选用适宜药物。常用消毒剂按其化学成分分为：①含氯消毒剂；②过氧化物类消毒剂；③醛类消毒剂；④杂环类气体消毒剂；⑤醇类消毒剂；⑥季铵盐类消毒剂；⑦酚类消毒剂；⑧其他双胍类、酸碱类消毒剂等。化学消毒的用药方法较多，可用消毒剂溶液浸泡、擦拭或喷洒，也可用其气体或烟雾进行熏蒸，还可直接用其粉末进行处理。化学消毒方法的多样化为各种对象的消毒提供了有利条件。

3. 生物消毒法

伴随着生物技术的快速发展，我国医药工作者在中西医结合方针的指导下，找到了不少种类的生物消毒剂，如噬菌体类、质粒类、酶类、植物类等，并制成了一系列的使用剂型，进一步丰富了消毒药物的种类。这种利用一些生物消毒剂来杀灭或清除病原微生物的方法叫做生物消毒法。

四、消毒方法的选择

为使消毒工作能顺利进行，并取得较好效果，必须根据不同情况，选择适宜的方法，一般在选择时应考虑以下几个方面：

1. 病原微生物的种类

病原微生物及其毒素种类很多，它们对各种消毒处理的耐受性也不一样。细菌芽孢对大多数消毒处理的耐受力比其他类型微生物强得多，只有使用较强的热力或灭菌剂才能取得较好的效果，所以一般都以它们作为最难消毒的代表。结核杆菌对热力消毒很敏感，而对某些消毒剂的耐受力却较其他细菌繁殖体强得多；真菌孢子较易被电离辐射所杀灭，但却对紫外线抗力很强；肠道病毒对过氧乙酸的耐受力与细菌繁殖体相近似，但季铵盐类消毒剂却对之无效；肉毒素较易被碱破坏，但对酸的耐受力较一般细菌繁殖体强得多。这些对各种消毒措施耐受力相差较大的微生物与毒素，在选择方法与使用剂量上，应予慎重。至于其他细菌繁殖体、病毒、螺旋体、支原体、立克次体与衣原体等，它们对消毒处理的耐受力差，利用常用方法一般即可收到较好的效果。

2．处理对象的性质

同样的消毒方法对不同性质的物品，效果往往不一样。例如，对于垂直墙面的消毒，油漆的光滑表面药物不易停留，因此使用药物擦拭或气溶胶喷雾的方法效果较好；粉刷的粗糙表面较易濡湿，以普通喷雾处理即可。使用环氧乙烷气体熏蒸消毒时，对易于吸收药物的布类、纸类效果较好；对于不吸收环氧乙烷的表面，如金属等，则需时较长。

此外，还应考虑对处理对象的损害问题。例如，用压力蒸汽对皮毛制品灭菌，用高浓度过氧乙酸或含氯消毒剂浸泡棉织品，用煤酚皂溶液多次长时间浸泡乳胶手套等，都会使处理对象遭到不同程度的损坏。对于食品、餐具等，则不应使用有毒或具有恶臭的消毒剂处理。

3．消毒现场的特点

应根据现场的环境条件，选用适宜的消毒措施。例如，野外地面消毒时，在水源丰富而方便的地区，喷洒消毒药液效果较好；但在缺水地区，则只能选用直接喷洒消毒药粉的方法。室内表面消毒，房屋密闭性好，可使用熏蒸消毒法；密闭性差的场所只能使用液体消毒剂处理。对空气消毒，通风条件较好而外界空气又清洁的地区，可以利用自然换气法；通风不良，污染空气长期滞留的建筑物内，则须使用药物熏蒸或气溶胶喷洒等方法处理。

选用消毒方法时，安全问题应予重视。例如，在人员集聚的场所，不宜使用大量具有刺激性的气体消毒剂；在距火源很近（50m 以内）的场所，不宜使用大量环氧乙烷气体消毒；对大量污水、粪便的化学处理，需考虑是否会引起公害。

4．卫生防疫要求

传染病流行时，对重疫区集中使用较好的药物与器械，而对发病较少或外围地区，则可采取较为简易的消毒方法。对于传染病医院的消毒，宜选用固定的设备与高效的方法；对于病人家里的随时消毒，可用较为简便并易于推广的方法。日常用水经沉淀后用常规氯化法消毒即可，而饮用水则在沉淀后最好加以煮沸。一般人的粪便可用堆肥法或三级化粪池处理，而肠道传染病患者的粪便则必须先使用药物消毒后再排到下水道。

在确定消毒方法时，除需考虑上述几方面外，还应结合当时当地的人力、物力等实际情况加以全面考虑，才能做出较好的安排。

五、影响消毒效果的因素

在消毒工作中必须注意以下影响消毒效果的主要因素：

1．处理剂量

处理剂量包括作用强度和作用时间。作用强度在热力消毒中指温度，在化学消毒中指药物浓度；作用时间是指所使用的处理方法对微生物作用的时间。一般作用强度越大，微生物越易死亡；作用时间越长，微生物杀灭率越高。

2．微生物种类和污染程度

一般情况下，细菌繁殖体、病毒较真菌、细菌芽孢的抵抗力弱。由于微生物的种类和污染程度不同，所选消毒方法应该有所区别。一般抵抗力强的微生物及污染程度重的场所，其消毒作用时间需长，所用药剂量需大。

3．温度和湿度

一般温度越高，消毒效果越好。但也有少数例外，如电离辐射灭菌中，较高温度有时反而可加强细菌芽孢的耐受力，但超过80℃后，其耐受力又减弱；臭氧消毒，对接种在琼脂平板上的无色杆菌与变形杆菌所需剂量，在200℃时反较0℃时高一倍以上，对于真菌则要高100倍左右。空气中的相对湿度对熏蒸消毒、紫外线消毒影响较大。

4．pH

pH对化学消毒剂影响较大。例如，季铵盐类化合物在碱性溶液中作用较大，pH = 3时杀灭微生物所需浓度较pH = 8时要大约10倍；酚类则在酸性溶液中效果较好，三氯苯酚在pH = 6时对伤寒杆菌的石炭酸系数为10，而在pH = 10时则降为1。

5．有机物

有机物对各种消毒方法都有一定影响，对化学消毒剂影响较大，对紫外线消毒也有较大影响。

6．表面活性剂和金属离子

表面活性剂如阴离子表面活性剂会降低季铵盐类和氯

已定的消毒作用；金属离子会加速过氧化物消毒剂的分解。

第二节　热力消毒与灭菌

一、干热消毒与灭菌

1. 焚烧

焚烧是一种灭菌效果很好的方法，可直接点燃或在焚烧炉内焚烧，适用于对病人的尸体、生活垃圾、诊疗废弃物、标本等的处理。国内市场上供应的焚烧炉品种较多，但沿海和内地一些比较发达的城市，均不允许各医疗单位自行焚烧医疗垃圾，实行全市医疗垃圾集中统一处理。

2. 烧灼

烧灼是直接用火焰灭菌，适用于对微生物实验室的接种针、接种环、涂菌棒等不怕热、损坏小的金属器材的灭菌，在应急的情况下，对外科手术器械也可用烧灼灭菌。烧灼灭菌温度很高，效果可靠，但对灭菌器械有一定的破坏性。

3. 干烤

干烤灭菌是在烤箱内进行的，烤箱又可分为重力对流型烤箱、机械对流型烤箱、金属传导型烤箱、电热真空型烤箱四类。干烤适用于对高温下不损坏、不变质、不蒸发的物品的灭菌，如玻璃制品、金属制品、陶瓷制品、油脂、甘油、液体石蜡、各种粉剂等；不适用于对纤维织物、塑料制品、橡胶制品等的灭菌。物品导热性差或放置过密时，应适当延长作用时间；对金属、陶瓷和玻璃制品可适当提高温度，从而缩短作用时间；对有机物品，温度不宜过高，因为超过170℃时有机物就会碳化。干烤的常用温度为160℃～180℃，灭菌时间为30～120min（表3-1）。

表3-1　常用物品干烤灭菌的温度和时间

物品名称	温度/℃	时间/min	要　求
玻璃器皿	160	60	洗净擦干
外科器械	160	60	洗净放有网眼的灭菌盒内
针头	160	120	洗净放试管内
缝合针	160	120	插入纱布块，用平纹布包好
甘油	160	120	装入管内，厚度<0.65cm
油类、凡士林	170	60	装入管内，厚度<0.6cm
	160	120	
凡士林纱布条	160	150	5cm×20cm，每盒20条
粉剂	170	60	厚度<0.6cm
	160	120	

使用烤箱灭菌时，应注意：① 器械应洗净后再干烤，以防附着在表面的污物炭化；② 玻璃器皿干烤前也应洗净并完全干燥，灭菌时勿与烤箱的底及壁直接接触，灭菌后应待温度降至40℃以下再打开烤箱，以防炸裂；③ 物品包装不宜过大，放置的物品勿超过烤箱内容积的2/3，物品之间应留有空隙，以利于热空气对流，粉剂和油脂不宜太厚，以利于热量的穿透；④ 灭菌过程中不得中途打开烤箱放入新的待灭菌物品；⑤ 棉织品、合成纤维、塑料制品、橡胶制品、导热性差的物品及其他在高温下易损坏的物品，不可用干烤灭菌；

⑥ 灭菌时间应从烤箱内温度达到要求温度时算起。

4. 红外线辐射灭菌

红外线辐射被认为是干热灭菌的一种。红外线是波长为0.77～1 000μm的电磁波，有较好的热效应，波长为1～10μm时热效应最强。红外线由红外线灯泡产生，不需要经空气传导，加热速度快，但热效应只能在直射到的表面产生，因此不能使一个物体的前后左右均匀加热。不同颜色对红外线的吸收不同，颜色越深吸收越多，反之则少。离光源的距离越近受热越多，反之则少。

红外线的杀菌作用与干烤灭菌相同，用红外线烤箱灭菌时需要的温度和时间也同干烤。多面装有灯泡的烤箱，被消毒物品放在中央；单面装灯泡的烤箱，被消毒物品可不断旋转，使各面都受到照射。国外使用的红外线烤箱有：自动输送式红外线烤箱，灭菌物品放在传送带上送入烤箱，在180℃下作用30min，然后自动送出；高真空红外线烤箱，内有8个灯泡和一个真空泵，先抽真空，然后加热到280℃，持续7min，冷却时充入过滤的氮气，以防止空气进入引起氧化，灭菌全过程为15min，用于医疗器械灭菌。国产远红外线快速恒温烤箱是用电阻丝加热，经碳化硅远红外线辐射板产生高强度远红外线（波长在4μm以上），最高工作温度可达200℃，可用于医疗器械的灭菌。

二、湿热消毒与灭菌

1. 煮沸消毒

煮沸消毒方法简单、方便、经济、实用，且效果比较可靠。

在家庭和一些基层医疗卫生单位，煮沸消毒目前仍然是一种常用的消毒方法。煮沸消毒的杀菌能力比较强，一般水沸腾以后再煮5～15min即可达到消毒目的。当水温达到100℃时，几乎能立刻杀死细菌繁殖体、真菌、立克次体、螺旋体和病毒。水的沸点受气压的影响，不同高度的地区气压不同，水的沸点也不同（表3-2）。因此，地势较高的地区，应适当延长煮沸时间。煮沸消毒时，在水中加入增效剂，如2%碳酸钠，煮沸5min即可达到消毒要求，同时还可以防止器械生锈。对不能耐热100℃的物品，在水中加入0.2%甲醛，煮至80℃并维持60min，也可达到消毒要求。肥皂（0.5%）、碳酸钠（1%）等也可作为煮沸消毒的增效剂。但选用增效剂时，应注意其对物品的腐蚀性。

表3-2　不同海拔高度下的气压和水的沸点

海拔高度/m	气压/kPa	水的沸点/℃
0	101.0	100.00
500	95.3	98.34
1 000	89.8	96.66
1 500	84.5	95.05
2 000	78.5	93.42
2 500	75.0	91.82
3 000	70.6	90.20
3 500	66.5	88.60
4 000	62.5	87.04

煮沸消毒适用于消毒餐具、食物、棉织品、金属及玻璃制

品。塑料、毛皮、化学纤维织物等怕热物品则不能用煮沸法消毒。煮沸消毒可用煮锅，也可用煮沸消毒器。国产煮沸消毒器有两类：电热煮沸器和酒精灯加热煮沸器。

煮沸消毒时应注意：① 消毒时间应从水煮沸后算起，煮沸过程中不要加入新的被消毒物品，被消毒物品应全部浸入水中，被消毒物品消毒前应清洗干净；② 消毒注射器时，针筒、针心、针头都应拆开分放，碗、盘等不透水物品应垂直放置，以利于水的对流；③ 一次消毒物品不宜过多，一般应少于消毒器容量的3/4；④ 煮沸消毒棉织品时，应适当搅拌。

2. 流通蒸汽消毒

流通蒸汽消毒又称为常压蒸汽消毒，是在1个大气压下，用100℃左右的水蒸气进行的消毒。其热力穿透主要依靠两个因素：① 水蒸气凝聚时释放的汽化热；② 水蒸气凝聚收缩后产生的负压（体积缩小99.94%）。水蒸气一方面放出汽化热，一方面由于产生的负压使外层的水蒸气又补充进来，因此热力不断穿透到深处。

流通蒸汽消毒设备很多，最简单的工具是蒸笼，其基本结构包括蒸汽发生器、蒸汽回流罩、消毒室与带孔隔板（图3-1），消毒所需时间同煮沸消毒。

流通蒸汽有较强的杀菌作用，它可以使菌体蛋白含水量增加，使其易被热力所凝固，加速微生物的灭活。这种消毒方法常用于食品、餐具消毒和其他一些不耐高热物品的消毒。流通蒸汽消毒的作用时间应从水沸腾后有蒸汽冒出时算起。

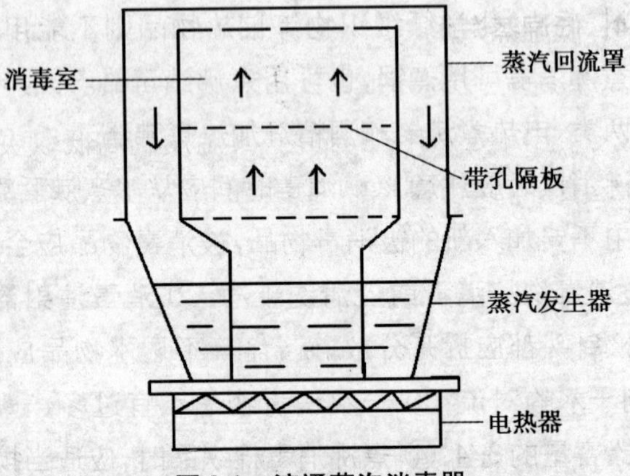

图 3-1 流通蒸汽消毒器

采用流通蒸汽消毒时也可进行间歇灭菌，尤其是对被细菌芽孢污染的物品，即第一天、第二天、第三天各消毒 30min，间隔期间存放在室温中。对不具备芽孢发芽条件的物品，则不能用此法灭菌。

3. 巴斯德消毒法

巴斯德消毒法起源于对酒加热至 50℃ ~60℃ 以防止其腐败的观察，至今国内外仍广泛将该法应用于对牛奶的消毒，可以杀灭牛奶中的布氏杆菌、沙门氏菌、牛结核杆菌和溶血性链球菌，但不能杀灭细菌芽孢和嗜热性细菌。牛奶的巴斯德消毒法有两种：一是加热至 62.8℃ ~65.6℃，至少保持 30min，然后冷却至 10℃ 以下；二是加热至 71.7℃，保持至少 15min，然后冷却至 10℃ 以下。巴斯德消毒法也可用于对血清的消毒和疫苗的制备：对血清一般加热至 56℃，作用 1h，每天一次，连续 3 天，可使血清不变质；制备疫苗时一般加热至 60℃，作用 1h。

4. 低温蒸汽消毒

低温蒸汽消毒最初用于消毒羊毛毡，它的原理是：将蒸汽输入预先抽真空的压力锅内，其温度的高低取决于气压的大小，因此，可以通过控制压力锅的压力来精确地控制压力锅内蒸汽的温度，消毒时多采用 60℃ ~80℃。

5. 热浴灭菌

将物品放于加热的介质（如油类、甘油、液体石蜡或各种饱和盐类溶液）中，将温度维持在一定的范围内进行灭菌，称为热浴灭菌。热浴灭菌是在不具备专门的压力蒸汽灭菌设备或其他特殊情况下使用的一种简易方法。由于它不能处理大型物品，并需专人守候调节控制温度，使用受到限制。热浴可用于少量药品的灭菌，可在一般煮锅中进行，需有一温度计以测定介质的温度。常用热浴介质与适用最高温度见表 3-3。

表 3-3　常用热浴介质与适用最高温度

热浴介质	适用最高温度/℃
水	100
氯化钠饱和溶液	109
硫酸镁饱和溶液	108
硝酸钾饱和溶液	116
硝酸钠饱和溶液	121
氯化钙饱和溶液	180
菜油或棉子油①	220
橄榄油①	250 ~ 275
甘　油	140 ~ 150
液体石蜡②	220

注：① 加 1% 对苯二酚，可增加受热时的安全稳定性；② 温度过高易燃。

6. 压力蒸汽灭菌

压力蒸汽灭菌除具有蒸汽和高压的特点外，因处于较高的压力下，穿透力比流通蒸汽要强，温度要高得多。饱和蒸汽压力与温度的关系见表3-4。

表3-4 饱和蒸汽压力与温度的关系

温度/℃	压力表读数/10^5 Pa	温度/℃	压力表读数/10^5 Pa
100	0	126	1.37
105	0.15	127	1.45
110	0.39	128	1.53
115	0.66	129	1.60
120	0.96	130	1.69
121	1.03	131	1.77
122	1.09	132	1.86
123	1.16	133	1.94
124	1.23	134	2.03
125	1.30	135	2.12

(1) 常用压力蒸汽灭菌器。

① 手提式压力蒸汽灭菌器。它是实验室、基层医疗、卫生、防疫单位等常用的小型压力蒸汽灭菌器，由铝合金材料制造，为单层圆筒，内有1个铝质的盛物桶，直径28cm，深28cm，容积约为18L。该灭菌器重12kg左右，使用压力小于1.4×10^5 Pa。

该灭菌器的主要部件有：压力表1个，用以指示锅内的压力；排气阀1个，下接排气软管，伸至盛物桶的下部，用以排除冷空气；安全阀1个，当压力锅内的压力超过 1.4×10^5 Pa时，可自动开启排气。

使用方法：在压力锅内放入约4cm深的清水，将消毒物品放入盛物桶内，注意放入物品不宜太多，且应使被消毒物品间有空隙，盖上锅盖，将排气软管插入盛物桶壁上的方管内，拧紧螺丝；将压力锅放火源上加热，水沸腾10～15min后，打开排气阀，放出冷空气，至有蒸汽排出时，关闭排气阀，使锅内压力逐渐上升；至所需压力时，调节火源，维持到预定时间；对需要干燥的固体物品灭菌时，可打开放气阀，排出蒸汽，待压力恢复到"0"位时，打开盖子，取出消毒物品；若消毒液体，则应去掉火源，慢慢冷却，以防止因减压过快造成猛烈沸腾而使液体外溢和瓶子破裂。

② 立式压力蒸汽灭菌器。该灭菌器是一种老式压力锅，也是下排气式。由双层钢板圆筒制成，两层之间可以盛水，盖上有安全阀和压力表，内有消毒桶，桶下部有排气阀，消毒桶容积为48L。压力锅一侧装有加水管道和放水龙头。该灭菌器重60kg左右，可用于实验室、医院及卫生防疫机构的消毒和灭菌。使用时需加水16L左右，使用方法同手提式压力蒸汽灭菌器。一般物品灭菌常用压力为 1.05×10^5 Pa，在此压力下温度为121℃，维持15min。

③ 卧式压力蒸汽灭菌器。这种灭菌器的优点是：消毒物品的放入和取出比较方便；消毒物品不至于因堆放过高影响蒸汽流通；多使用外源蒸汽，不会发生因加水过多而浸湿消毒物品的情况。卧式压力蒸汽灭菌器常用于医院和消毒站，适用于处理大批量消毒物品。

卧式压力蒸汽灭菌器有单扉式和双扉式两种。前者只有一个门,供放入污染物品和取出消毒物品;后者有前后两个门,分别用于取出消毒物品和放入污染物品。主要部件有:消毒柜室和柜室压力表,夹层外套和外套夹层压力表,蒸汽进入管道和蒸汽控制阀,压力调节阀,柜室压力真空表,空气滤器等。柜室内有蒸汽分流挡板和放消毒物品的托盘,门上有螺旋插销门闩,使用压力为 $2.8\times10^5 \sim 5.6\times10^5$ Pa。

④ 预真空压力蒸汽灭菌器。该灭菌器是新型的蒸汽灭菌器,其优点是:灭菌前先抽真空,灭菌时间短,对消毒物品损害轻微;在消毒物品放置拥挤重叠的情况下也能达到灭菌效果,甚至对有盖容器内的物品也可灭菌;工作环境温度不高,消毒后的物品易干燥;整个灭菌过程采用程序控制,既节省人力又稳定可靠。缺点是该灭菌器价格较贵,发生故障时修理较困难。

⑤ 脉动真空压力蒸汽灭菌器。其使用的真空泵有水循环式和低压蒸汽喷射式两种。使用脉动真空压力蒸汽灭菌器灭菌,是目前医学领域使用最广泛、最安全有效的医疗器械灭菌方法。闫翠英(2004)研究报道,对脉动真空压力蒸汽灭菌监测6 480 锅次,包内化学指示卡监测合格率99.9%,温度监测合格率99.8%,生物指示剂监测合格率100%,因此,运行良好的脉动真空压力蒸汽灭菌器灭菌效果可靠。姚立宏等(2005)报道,对某低压蒸汽喷射式真空泵灭菌器连续40次化学和生物监测,全部达到要求,温度为131℃~135℃。

⑥ 快速压力蒸汽灭菌器。随着医疗技术的快速发展,

医院手术及口腔、内镜诊疗病人增多，医疗器械库存不足的问题日益突出，传统的消毒灭菌方法渐渐不能满足临床的需要，一系列快速灭菌方法便应运而生，快速压力蒸汽灭菌技术就是其中之一。新的快速压力蒸汽灭菌器体积小，智能化程度高，基本能满足临床的需要。但是也暴露了不少问题：一是缺乏过程监控和结果的监测和记录；二是存在二次污染的问题；三是器械灭菌前很多清洗不彻底，因此要加强培训和管理。李平等(2007)报道，YN－A 型医用快速灭菌器腔内温度升至 210℃、220℃、230℃、240℃、250℃时，分别对重 100g、210g、320g、560g、800g 染有枯草杆菌黑色变种芽孢的骨科器械杀菌 8min，均可达到灭菌。

⑦ 除各种专用的高压灭菌器之外，炊事压力锅也可用于消毒灭菌，适用于家庭内的消毒以及没有压力灭菌器的基层医疗卫生单位和小诊所的消毒灭菌。

家用压力锅使用方法：首先根据压力锅的大小加入适量的水；将消毒物品放在锅内的支架上，勿使物品靠得太紧，密封盖口，放热源上加热；待有少量蒸汽从排气孔排出时，将限压阀扣在排气孔的阀座上；当限压阀被排出的蒸汽抬起时，可关小热源，维持压力15～20min，然后退火，冷却，取下限压阀，使蒸汽排出；待蒸汽排尽后，打开压力锅，取出消毒物品。有报道以脂肪嗜热杆菌芽孢为指示菌，检验了家用压力锅对牙科器材的灭菌效果，结果试验组芽孢条全部被灭菌，而对照组均有菌生长，认为家用压力锅可用于少量器械的灭菌，具有快速、有效、廉价的特点。

(2) 压力蒸汽灭菌的合理应用。

压力蒸汽灭菌虽然具有灭菌速度快、温度高、穿透力强、效果可靠等优点，但如果使用不得当，也会导致灭菌的失败。以下几个问题在灭菌中应予以注意：

① 压力蒸汽灭菌器内空气的排除。压力蒸汽灭菌器内蒸汽的温度不仅和压力有关，而且和蒸汽的饱和度有关。如果灭菌器内的空气未排除或未完全排除，则蒸汽不能达到饱和，虽然压力表达到了预定的压力，但蒸汽的温度却未达到要求的温度，结果将导致灭菌失败。在排出不同程度的冷空气时，压力和灭菌器内温度的关系见表 3-5。

表 3-5 压力蒸汽灭菌器内的压力和冷空气排出与温度的关系

表压/10^5 Pa	排出不同程度的冷空气时，灭菌器内的温度/℃				
	空气全排出	2/3 空气排出	1/2 空气排出	1/3 空气排出	空气未排出
0.35	109	100	94	90	72
0.70	115	109	105	100	90
1.05	121	115	112	109	100
1.41	126	121	118	115	109
1.76	130	126	121	118	115
2.11	135	130	128	126	121

检查灭菌器内冷空气是否排净的方法是：在排气管的出口处接一皮管，将另一端插入冷水盆中，若管内排出的气体在冷水中产生气泡，则表示冷空气尚未排净，仍需继续排气；若不产生气泡，则表示灭菌器内的冷空气已基本排净。如果待灭菌器内有一定量的蒸汽之后再排气，则有利于空气的

排净。

② 灭菌时间的计算。灭菌时间应从灭菌器腔内达到要求温度时算起，至灭菌完成为止。时间的长短取决于消毒物品的性质、包装的大小、放置位置、灭菌器内空气排出程度和灭菌器的种类。灭菌时间由穿透时间、杀灭时间和安全时间三部分组成。穿透时间随不同包装、不同灭菌物品而不同。杀灭时间，一般用杀灭脂肪嗜热杆菌芽孢所需时间来表示，在121℃时需12min，132℃时需2min，115℃时需30min。安全时间，一般为维持时间的一半。

③ 消毒物品的包装和容器。消毒物品的包装不宜过大、过紧，否则不利于蒸汽的穿透。下排气式灭菌器的敷料包一般不应大于30cm×30cm×25cm，预真空和脉动真空灭菌器的敷料包不应大于30cm×30cm×50cm。盛装消毒物品的容器应有孔，最好用铁丝框。过去常将消毒物品，尤其是注射器放入铝饭盒内，但饭盒加盖后蒸汽难以进入，内部的空气也不易排出，按规定时间灭菌常不能达到预定效果。顾德鸿(1984)研制的注射器灭菌盒解决了这一问题。该盒的盖和底上有许多小孔，内面各固定一张耐高压滤纸，蒸汽可以自由通过而尘埃和细菌则不能进入。

④ 消毒物品的布放。消毒物品过多或放置不当均可影响灭菌效果。一般来说，消毒物品的体积不应超过灭菌室容积的85%，也不能小于15%，以防止小装量效应。放置消毒物品时应注意使物品之间留有一定空隙，以利于蒸汽的流通。大敷料包应放在上层，以利于内部空气的排出和热蒸汽的穿透。空容器灭菌时应倒放，以利于冷空气的排出。垂直

放置消毒物品可取得更佳的灭菌效果。

⑤ 控制加热速度。使用压力蒸汽灭菌时,灭菌时间是从柜室内温度达到要求温度时开始计算的。如果加热太快,柜室温度很快达到了要求温度,而消毒物品内部达到要求温度则还需较长时间,因此,在规定的时间内往往达不到灭菌要求,所以必须控制加热速度,使柜室温度逐渐上升。

⑥ 消毒物品的预处理。带有大量有机物的物品,应先进行洗涤,然后再用高压灭菌。橡皮管灭菌前应先浸泡于0.5%氢氧化钠或碱性洗涤剂磷酸三钠溶液中,使溶液流入管内,并应注意防止发生气泡;然后煮沸15~20min,以除去管内遗留的有机物;煮沸后用自来水冲洗干净管内外遗留的碱性洗涤液,再用蒸馏水冲洗,并随即进行高压灭菌。由于管内有水分,温度升高快,易于灭菌。

⑦ 防止蒸汽超热。在一定的压力下,若蒸汽的温度超过饱和状态下应达到的温度2℃以上,即成为超热蒸汽。超热蒸汽温度虽高,但像热空气一样,遇到消毒物品时不能凝结成水,不能释放潜热,所以对灭菌不利。防止超热现象的办法是:勿使压力过高的蒸汽进入柜室内;吸水物品灭菌前不应过分干燥,灭菌时含水量不应低于5%;使用外源蒸汽灭菌器时,不要使夹套的温度高于柜室的温度,两者应相接近;控制蒸汽输送管道的压力,勿使蒸汽进入柜室时减压过多,放出大量的潜热;灭菌时不要先用压力高的蒸汽加热到要求温度,然后再降低压力;蒸汽发生器内加水量应多于产生蒸汽所需水量。

⑧ 注意安全操作。每次灭菌前应检查灭菌器是否处于

良好的工作状态，尤其是安全阀是否良好；加热和送气前检查门或盖是否关紧，螺丝是否拧牢；加热应均匀，开、关送气阀时动作应轻缓；灭菌完毕后减压不可过猛，压力表回归“0”位时才可打开盖或门；对烈性污染物灭菌时，应在排气孔末端接一细菌滤器，防止微生物随冷空气冲出形成感染性气溶胶。

第三节　常用化学消毒剂的性能及应用

一、醛类消毒剂

在醛类化合物中，作为消毒剂应用最早的是甲醛，之后一些研究者对戊二醛进行了大量的研究，发现它是一种良好的消毒、灭菌剂，被誉为化学消毒剂发展史上继甲醛（第一代）和环氧乙烷（第二代）之后的第三个里程碑。

1. 甲醛

20 世纪 20 年代后，甲醛作为一种优良的消毒剂广泛应用于医学消毒和灭菌。其优点是：消毒效果可靠，价格便宜，使用方便，气体对消毒物品无损害。缺点是消毒后留有强烈的刺激性气味，且消毒速度慢。

（1）理化性质、毒性和剂型。

甲醛的分子式为 CH_2O，分子量是 30，单体为气体，可以燃烧。甲醛易溶于水和醇，水溶液比较稳定。甲醛溶液对人的皮肤粘膜有强烈的刺激性，口服后可引起全身中毒，空气中容许浓度为 $5mg/m^3$。甲醛的剂型有以下几种：

① 福尔马林：为甲醛水溶液，含甲醛37% ~40%。福尔马林为无色澄清液体，呈弱酸性，放置过久或温度低于5℃时易凝聚成白色沉淀，加热后可变澄清。

② 多聚甲醛：是粉状、片状或颗粒状白色固体，含甲醛91% ~99%，加热至160℃以上产生甲醛气体。

其他剂型包括释放甲醛气体的化合物及醛氯合剂。

(2) 对微生物的杀灭作用。

一般来说，在室温20℃时用甲醛溶液浸泡，浓度为0.1% ~0.5%时，2h可杀灭细菌繁殖体；浓度为0.5% ~1%时，2h可破坏多数病毒感染力；浓度为5%时，10min可灭活一般真菌；浓度为8%时，4 ~8h可杀灭细菌芽孢。甲醛气体在相对湿度为80% ~90%，浓度为 $10 \sim 20g/m^3$ 时，作用1 ~5h可杀灭细菌繁殖体；浓度为 $10 \sim 20g/m^3$ 时，15h可杀灭细菌芽孢。

(3) 影响消毒效果的因素。

甲醛的消毒效果主要受药物浓度、作用时间、相对湿度、有机物等因素影响。用气体进行消毒时，还受环境相对湿度、消毒物品的性质和数量的影响。

(4) 应用。

① 溶液的应用：多用于浸泡。所用甲醛溶液可以是水溶液、醇溶液或石油乳剂。25%福尔马林水溶液可用于消毒体温计，在20℃下需作用10min以上。10%福尔马林水溶液加0.5%四硼酸盐，11%福尔马林异丙醇溶液加0.1%硼砂

与1%萜品醇，都可用以浸泡消毒金属器械，且后者可用于医疗器械灭菌。常用的还有12.5%福尔马林乙醇(75%)溶液，25℃下浸泡24h可杀灭细菌芽孢。

② 熏蒸的应用：可用于消毒间或密闭容器内对污染物品的消毒，也可用于处理室内表面。由于其气体穿透性差，不能对用布、纸、塑料膜包装好的物品进行消毒。

产生甲醛气体的方法有：加热福尔马林或多聚甲醛；化学反应法，即先将氧化剂(高锰酸钾、漂白粉等)放入容器中，然后徐徐注入福尔马林；蒸汽喷雾法，即以蒸汽(压力$2\times10^5\sim3\times10^5$Pa)作动力，通过雾化器，将福尔马林喷成气溶胶，使之扩散于空气中蒸发汽化；让福尔马林或多聚甲醛在消毒容器内自然挥发、扩散，同时在容器内放适量的水以增加湿度。

消毒后驱散有臭味的甲醛气体，一般多用自然通风法。但因甲醛气体扩散能力差，需时较长，如急于排除臭味，可将25%氨水加热蒸发或喷雾以中和。氨水用量为所用福尔马林的一半，中和作用时间为30min。

(5) 使用注意事项。

① 甲醛对人体有一定的毒性与刺激性，使用时应注意防护。用甲醛溶液消毒的外科器械，必须用灭菌水充分冲洗后使用。

② 温度、湿度对熏蒸处理的效果影响较大，处理时应保持在要求的范围内。

③ 熏蒸处理时，消毒物品间应有一定空隙，尽量将污染表面暴露在外面。在房间或消毒间内处理时，应充分暴露消

毒物品的表面，并将相对湿度维持在70%～90%，温度维持在18℃以上。

2. 戊二醛

戊二醛具有高效广谱、刺激性小、对金属腐蚀性小、低毒安全、水溶液稳定性强等优点，故使用范围比较广泛。在国外，目前戊二醛广泛应用于医疗器械的灭菌、内窥镜的消毒以及微生物实验室污染器材的消毒。

（1）理化性质、毒性和剂型。戊二醛的分子式为$C_5H_8O_2$，分子量为100。一般市售戊二醛水溶液原液有效含量为25%，为无色或淡黄色油状液体，呈中性，可以任何比例溶于水和醇以及其他有机溶剂。其水溶液在酸性条件下较稳定。戊二醛对皮肤、粘膜有轻度刺激，少数人对其有过敏反应。

（2）对微生物的杀灭作用。碱性、中性、强化酸性戊二醛，均有切实可靠的杀灭细菌芽孢作用。一般来说，2%强化酸性戊二醛水溶液作用1～3h可以杀灭无保护的细菌芽孢，对有血清保护的细菌芽孢则需7～10h，相同浓度下2～10min可杀灭细菌繁殖体。2%强化酸性戊二醛作用15min，2%碱性戊二醛作用30min，可以杀灭结核分枝杆菌，作用5～30min可杀灭真菌。2%碱性戊二醛作用3min可杀灭甲肝病毒，20～30min可杀灭乙肝病毒，对普通病毒一般需作用10min。

（3）影响消毒效果的因素。无论是碱性、强化酸性还是中性戊二醛，其使用浓度均为2%，低于2%则只能用作普通消毒、防腐和保存剂。用碳酸氢钠将戊二醛pH调至8.0时，才可出现强大的杀灭作用。温度在10℃～40℃范围内，每升高10℃，消毒作用时间减少1/2以上。另外，表面活性剂、超声波等都可增强其消毒效果。用戊二醛气体消毒时应注意环境的相对湿度（80%～90%）和温度。

（4）应用。戊二醛由于消毒、灭菌效果可靠，受有机物影响小，对器材腐蚀性小，故可用于手术器械、环境物品和食品盛器的消毒。值得一提的是，戊二醛是内窥镜消毒和灭菌的首选药物，一般浓度为2%作用10～15min即可达到满意效果。采用喷雾法和加热蒸发法可以产生气体，用于室内表面和空气的消毒。

（5）使用注意事项。同甲醛。

二、环氧乙烷

环氧乙烷为常用的杂环类气体消毒剂，被誉为第二代化学灭菌剂。在我国，环氧乙烷的应用尚不普遍，原因是其易燃、易爆，对人体有一定毒性，且使用中需要密封的设备等。

1. 理化性质、毒性和剂型

环氧乙烷的分子式为C_2H_40，分子量为44。低温下为无色液体，沸点10.8℃；常温下为气体，无色，具有醚或氯仿的刺激性气味，可与水混合。其化学性质活泼，可与多种化学物质发生反应，特别是接触镁、银时，可形成乙炔，容易爆炸。环氧乙烷对人体有一定毒性，一般容易发生吸入中毒，空气中容许浓度为$2mg/m^3$，接触皮肤可致烧伤或冻伤。环氧乙烷有三种剂型：① 纯环氧乙烷，液体剂型；② 环氧乙烷-二氧化碳混合体，液体剂型，含环氧乙烷10%；③ 环氧乙烷-氟利昂混合体，液体剂型，含环氧乙烷12%。

2. 对微生物的杀灭作用

环氧乙烷能杀灭各种微生物，相比之下，其气体杀灭微生物的作用更强。在室温下，含量为400mg/L的气体对大肠杆菌的杀灭时间为2h，对细菌芽孢的杀灭时间为10h。真菌对环氧乙烷的抵抗力与一般细菌繁殖体相似。

3. 影响消毒效果的因素

(1) 温度、浓度、消毒时间。在5℃～37℃范围内，温度不变，浓度增加，消毒时间缩短。如浓度不变，温度在40℃～57℃之间，则温度越高，消毒时间越短。

(2) 相对湿度。相对湿度对熏蒸消毒效果影响很大。小型处理相对湿度以30%～50%为宜；对大型物品（容积超过0.15m^3），要求的相对湿度较高，为60%～80%。若相对湿度过高，因水解反应，会妨碍环氧乙烷的穿透，增加消毒的困难。

(3) 物品性质。不同性质物品对环氧乙烷气体的杀菌作用也有影响。环氧乙烷气体对纸、布等有孔材料的消毒效果较好，对玻璃、金属等无孔材料的消毒效果较差。塑料、橡胶、水等能吸收大量环氧乙烷，降低作用浓度，使杀菌效果下降。例如，1g橡胶在10%环氧乙烷气体中，消毒后经测定，可吸收环氧乙烷15.4mg。盐类晶体由于可保护其中的微生物，故环氧乙烷不能发挥其消毒作用。

4. 应用

环氧乙烷在消毒灭菌中使用的范围较广，因为它不损害消毒物品且穿透力强，故大多用于不宜用一般消毒方法消毒的物品，如电子仪器、光学仪器、药品、书籍、文件、皮毛、棉、化纤、塑料制品、木制品、陶瓷、金属制品、橡胶制品、人工心肺机、人工肾、气管镜、膀胱镜、胃镜、手术器械等。常用的是环氧乙烷气体灭菌，由于其易燃、易爆且对人体有害，所以必须放在密闭的容器内。

(1) 塑料袋消毒法。此法适用于对中、小型物资装备进行消毒，如对服装、医疗用具、手术包、敷料、通讯器械、测绘仪器以及文件等的消毒。消毒过程中需专用的塑料袋与封口用的铝夹，塑料袋用热合法制作，大小根据需要决定，原料为 0.2 ~0.5mm 厚的聚氯乙烯膜；铝夹由角铝与铁夹组成，中间衬以橡胶条。

处理步骤：① 将待消毒物品放入袋内，有锐角的器物应用布包裹，重物底部需铺以软垫以免弄破塑料袋；② 将环氧乙烷容器（如小铝罐）与量筒、平皿（或烧杯）置冰浴中预冷 10 ~20min；③ 趁冷，将环氧乙烷按规定用量倒入平皿（或烧杯）中，并立即放入塑料袋内；④ 迅速排除袋内空气，用铝夹封好袋口；⑤ 于室温下（高于 15℃）静置，使环氧乙烷自然汽化进行消毒。

用药剂量为 1.5mL/L（1 335mg/L），作用时间为 16 ~24h（高于 15℃）。对易于吸收环氧乙烷气体的物品，如橡胶、有机玻璃等制品，可将剂量增加到 2mL/L。

(2) 丁基橡胶袋消毒法。此法适用于快速消毒小型物品，特别是对外科手术器械与敷料的灭菌。使用的消毒袋以丁基橡胶布特制，长 80cm，宽 53cm，可承受压力为 3×10^5Pa。底部装有专用的通气小管，可与装环氧乙烷小型铝罐的出气口相接，以便在袋外给药。使用此法时可使用指示卡测试灭菌效果。它是根据镁盐与环氧乙烷作用生成氢氧化镁使 pH 增高的原理，利用颜色反应指示出环氧乙烷作用剂量，以间接说明灭菌是否达到要求。

处理步骤：① 将待消毒物品放入消毒袋中；② 折叠袋口，挤出空气；③ 用绸布包裹折叠好的袋口，然后用绳扎紧（绸布可减少袋口的损坏）；④ 将消毒袋底部通气小管与环氧乙烷铝罐出药口接通，打开铝罐的阀门；⑤ 将药罐置于热水中，促其迅速汽化；⑥ 待环氧乙烷气体进入使消毒袋鼓足，即可撤去热水，关闭阀门；⑦ 隔 10min，再如前加一次药（两次用药总量约 2.5g/L）；⑧ 加药完毕，取下药罐，迅速塞住通气小管；⑨ 在室温下（高于 20℃）放置 2h，即达到消毒、灭菌目的。

此外还有塑料篷幕消毒法、塑料膜埋沟消毒法等，适用于对大型物品的消毒。其处理方法可参阅有关资料。

5. 使用注意事项

（1）环氧乙烷易燃、易爆，且有一定毒性，使用时必须遵守环氧乙烷消毒安全守则。

（2）给药前，应详细检查所用容器有无破裂漏气之处，如有则应修补或更换。给药后，也应经常检查有无漏气处，以利于及时采取措施，防止继续渗漏。环氧乙烷漏气检查法：用浸有硫代硫酸钠试液的湿滤纸片，贴于可疑部位，如有漏气，滤纸片即由白色变为粉红色。试液为用蒸馏水配制的饱和硫代硫酸钠溶液，其中加以适量酚酞作为指示剂。制成的试液应为无色透明液体，如呈浅红色，可滴加适量盐酸，以使红色刚好消失为度。

（3）消毒时，应注意环境的温度与相对湿度，勿超出规定范围。待消毒物品的温度过低于消毒环境的温度时，应事先将其在消毒场所放置数小时，使其温度逐渐接近，然后再进行消毒处理。

（4）虽然环氧乙烷的穿透性能好，但仍是有限的。因此，消毒时仍需尽量为其穿透创造条件。注射器应将芯子抽出，用塑料薄膜包装的物品应在灭菌后再封口。干固于物品表面的有机物或盐类结晶应略加湿润或清除后再进行处理。

（5）环氧乙烷水解后，可产生少量有毒性的丁二醇，故不宜用于食品消毒。

（6）消毒室应保持良好的通风条件，以便在消毒后尽快驱散室内滞留的环氧乙烷。

三、过氧乙酸

过氧乙酸又名过醋酸，是一种广谱、速效、廉价的灭菌剂。在20世纪70年代中期到80年代中期，它是我国使用较多的化学消毒剂之一。其优点是杀菌作用强，作用迅速，毒性小；缺点是不稳定，易分解，有腐蚀性，会损害物品等。

1. 理化性质、毒性和剂型

过氧乙酸的分子式为 $C_2H_4O_3$，分子量为76.05。它是一种无色透明液体，酸性，有刺激性气味，易挥发，易溶于多种有机溶剂和水。过氧乙酸不稳定，遇热、金属离子或加水均易分解，如分解反应进行剧烈，可以发生爆炸。温度越高，浓度越大，越容易发生爆炸。消毒用的过氧乙酸溶液原液浓度在20%左右，一般不会发生爆炸和自燃。

过氧乙酸由于使用浓度很低，且易分解和挥发，一般来说对人体无毒性，比较安全。但由于其氧化能力很强，故对金属有腐蚀作用，对纺织品和毛毯也有一定的腐蚀性。

我国市售过氧乙酸有以下两种剂型：

(1) 过氧乙酸水溶液。过氧乙酸水溶液含过氧乙酸20%左右，并含有0.1%左右的稳定剂。

(2) 二元配合剂型。该剂型是为了克服过氧乙酸不稳定的缺点而研制的。把过氧乙酸制成A、B两种剂型，平时分开存放，使用前混合均匀。A剂为经过处理的冰醋酸，B剂为按比例配制好的过氧化氢溶液。使用前，把A、B两液按10∶8或12∶10(体积比)混合，室温下放置1~3天，过氧乙酸含量可达到16%~20%。二元配合剂型稳定性较好，在室温下可贮存2年。

2. 对微生物的杀灭作用

过氧乙酸是一种强氧化剂，其液体和气体对各种微生物均有强大的杀灭作用。它不但可以杀灭细菌繁殖体、真菌、病毒、分枝杆菌，而且也可以杀灭细菌芽孢。试验证明，过氧乙酸溶液浓度在5~50 mg/L时，1~15min可杀灭大肠杆菌；浓度为20mg/L时，2min即可杀灭痢疾杆菌；浓度为20~50mg/L时，1~60min可杀灭葡萄球菌；对细菌繁殖体的常用浓度为100~1 000 mg/L，作用时间为10min；对结核杆菌，所用浓度为5 000 mg/L，作用5min，效果可靠；所用浓度为400mg/L时灭活病毒，需将作用时间延长至45min；对细菌芽孢所用浓度为5 000mg/L，作用10min，即可将其杀灭；对乙肝病毒所用浓度为 2 000mg/L，作用 30min 即可将其灭活，所用浓度为 5 000mg/L，作用 5min，还可破坏 HBsAg。

用喷雾器将过氧乙酸喷成的气溶胶，或其经加热蒸发及自然挥发产生的气体，均有强大的杀菌作用。气溶胶 1mg/L，25℃下作用 20min，可杀灭全部试验的细菌芽孢。蒸气消毒常用量为 1mg/L，温度 15℃、湿度 80% 条件下，作用 30min，可使污染大肠杆菌、绿脓杆菌和枯草杆菌芽孢的菌片无菌。过氧乙酸的杀菌作用主要依靠其强大的氧化作用，同时溶液中存在的醋酸等也有协同作用。

3. 影响消毒效果的因素

过氧乙酸的消毒作用受浓度、温度、作用时间、有机物、用气体时环境的相对湿度等因素的影响。一般来说，浓度越大、温度越高、作用时间越长，过氧乙酸的杀菌作用越强。另外，醇类对过氧乙酸有增效作用。

4. 应用

（1）溶液的应用。常用消毒方法有浸泡、喷洒、擦抹、气溶胶喷雾等。保存药液时，将配制好的稀释溶液放于有盖塑料容器内，分解较慢。室温下（15℃～25℃）保存时间不宜超过 2 天，4℃时不宜超过 10 天。以气溶胶喷洒消毒室内时，先关闭门窗，以 JM－2 型喷雾器在固定点将过氧乙酸溶液喷成平均直径小于 30μm 的细雾，待雾粒扩散且作用时间达到规定时间后再开窗通风。此种处理方法既起喷洒消毒作用，也起熏蒸作用，用药量较省。对细菌芽孢污染的表面，每立方米喷雾量为 8mL（2% 溶液），经 30min（在 18℃以上的室温下），可达 99.9% 的杀灭率。在室内进行普通喷雾消毒，喷洒后将门窗关闭，也可兼收熏蒸效果。过氧乙酸也可用于皮肤、粘膜的消毒。皮肤用0.2%溶液，粘膜用0.02%溶液浸洗或冲洗。用0.2%过氧乙酸溶液洗手，杀菌效果比1%煤酚皂水溶液好。如表3-6所示为过氧乙酸溶液消毒处理剂量。

表3-6 过氧乙酸溶液消毒处理剂量

消毒对象	处理方法	药物浓度	作用时间/min
皮肤表面	擦拭、浸洗(手)	0.2%	1~2
粘膜	含漱、滴眼	0.02%	—
服装	喷洒	0.1%~0.5%	30~60
	浸泡	0.04%	120
餐具	洗净浸泡	0.5%~1.0%	30~60
蔬菜、水果	洗净浸泡	0.2%	10~30
室内表面(芽孢)	气溶胶喷雾	2%(8mL/m^3)	30
污染表面	喷洒、擦拭	0.2%~1.0%	30~60
体温计	擦净浸泡	0.04%	120
饮用水	加入搅匀	1mg/L	30
		10mg/L	10
污水(含肠道菌)	加入搅匀	100mg/L	60

(2) 熏蒸的应用。过氧乙酸的沸点较高(110℃)，必须加热才能产生大量蒸气。热源可用一般的煤炉或电炉。加热时，金属容器易被腐蚀，应使用陶瓷、搪瓷或玻璃容器。

过氧乙酸熏蒸法多用于对密闭性较好的房间内污染表面的处理。其蒸气的穿透能力较差，处理时应为之创造接触物品的有利条件。

处理步骤：① 被肮脏物品（包括干固的排泄物、分泌物）覆盖时微生物不易被杀灭，故消毒前应先进行室内清洁处理；② 充分暴露待消毒的表面，如打开柜门和抽屉，挂好衣服，摊开被褥等，以利于药物蒸气接触污染表面；③ 取出易被腐蚀的物品；④ 关好窗户，并将较大的孔隙用纸封严；⑤ 安放热源与容器，倒入过氧乙酸；⑥ 若室内相对湿度过低，可在蒸发过氧乙酸的同时蒸发一定量的水（$30mL/m^3$）；⑦ 退到室外，关严房门；⑧ 如在室外不能控制热源，应在药物蒸发即将结束时，戴防毒面具进入，关闭热源，以免损坏容器；⑨到达规定的作用时间，开窗通风排气。

过氧乙酸蒸气较易扩散，也不产生聚合物，开窗通风半小时左右气味即消散，一般不必用药物中和。处理剂量：当室温为 20℃，相对湿度为 70% ~90% 时，对细菌繁殖体，过氧乙酸用量为 $1g/m^3$，熏蒸 60min；对细菌芽孢，其用量为 $3g/m^3$，熏蒸 90min。温度与湿度降低，处理剂量相应加大。当温度低于 5℃，相对湿度为 40% ~50% 时，对细菌繁殖体，过氧乙酸用量为 $4g/m^3$，熏蒸 120min，仍不能完全达到消毒要求；对细菌芽孢，用量需超过 $10g/m^3$，已无实用意义。

5. 使用注意事项

（1）稀释的水溶液，使用前新鲜配制效果最好。配制时，要用清洁水，因为某些金属离子与还原性物质可加速药物的分解。

（2）过氧乙酸不稳定，应贮存于通风阴凉处，用前应先测定其有效含量。

(3)使用高浓度药液时，谨防溅到眼内或皮肤、衣服上。不慎溅到，应及时用水冲洗。消毒皮肤时，浓度不宜超过0.2%；消毒粘膜时，浓度不宜超过0.02%。

(4)金属器材与天然纤维纺织品经浸泡消毒后，应尽快用清水将药物冲洗干净，以防被漂白或腐蚀。熏蒸消毒对物品的损害较小，但物品经反复多次处理也可被腐蚀或漂白。对于需要反复处理的场所(如传染病房)，每次熏蒸后应将有关物品涮洗，或用湿布将沾有药物的地方擦净。

6. 简易合成方法

如购买过氧乙酸有困难，则可自己合成。合成方法为：取冰醋酸140mL，加硫酸7.1mL，混匀，再加入30%过氧化氢70mL，搅拌或置于振荡器上振荡4h，在室温下静置过夜，即形成浓度为16%~20%的过氧乙酸溶液。如没有条件搅拌或振荡，在混匀后于室温下静置3天，也可形成上述浓度的过氧乙酸溶液。若需较长时间保存，可在合成后于室温下放置到预定时间(1~3天)，再加入0.3%~0.5%的磷酸或焦磷酸钠作稳定剂。

合成中应注意：① 使用合适的原料配比；② 选纯度较高的原料，冰醋酸中不挥发物含量不超过0.005%；③ 用适宜量的稳定剂；④ 搅拌时间不可过长；⑤ 室温在20℃左右较合适，过高过低都不利。

四、过氧戊二酸

1978年，Heinz Eggensperger和Wolfgang Berfuss利用戊二酸酐与过氧化氢反应合成了过氧戊二酸液体剂型，称为过氧的浓缩液，其过氧戊二酸含量最高可达60%。其浓缩液中包含双过氧戊二酸、单过氧戊二酸、戊二酸、过氧化氢和水，过氧戊二酸含量为单、双过氧戊二酸之和。1984年，我国的黄德贵等利用这一合成原理合成出了过氧戊二酸固体粉剂，其含量高达98%，为纯净的双过氧戊二酸。其优点是为固体剂型，无刺激性气味，稳定性好，毒性低，便于储存和运输，配制的水溶液稳定性好，杀菌谱广，杀菌作用强。其缺点是常温下水溶性差，给使用带来不便。

1. 理化性质和毒性

过氧戊二酸的分子式为 $C_{10}H_{14}O_8$，分子量262.21，是一种白色松散粉末，常温下水溶性差，在50℃热水中溶解较快，可溶于乙醇、乙酸、过氧化氢等有机溶剂。新合成的过氧戊二酸的含量在98%以上。固体剂型放置稳定性较好，第一年下降率在10%左右，以后下降减慢。过氧戊二酸粉剂的分解产物为戊二酸和氧气，分解散发出来的气体带有酸臭味（泔水样味）。粉剂遇明火可迅速燃烧。

过氧戊二酸基本无毒，无致突变作用。过氧戊二酸浓度为2%以下时对皮肤无刺激性，对粘膜有一定刺激性；对纺织品有褪色作用，但对质量无影响；对不锈钢、镀铬和镀镍金属无腐蚀性，对工具钢、铜、镀锌、镀法兰金属有一定腐蚀性。

2. 对微生物的杀灭作用及机理

过氧戊二酸是一种强氧化剂，可以杀灭各种微生物，包括细菌繁殖体、细菌芽孢、分枝杆菌、真菌和病毒。试验证明，过氧戊二酸浓度为0.05%时，2min可杀灭大肠杆菌，5min能杀灭金黄色葡萄球菌；浓度为0.5%时作用120min、浓度为1%时作用60min或浓度为2%时作用30min，能杀灭枯草杆菌黑色变种芽孢；浓度为1%时作用120min或浓度为2%时作用60min，能杀灭白色念珠菌。

对过氧戊二酸杀菌机理的研究较少，但从对大肠杆菌噬菌体f2的杀灭机理看，主要是通过对f2壳蛋白质中敏感氨基酸的氧化，最终导致其死亡的，对其他微生物的杀灭可能也是靠其强氧化作用来实现的。

3．影响消毒效果的因素

（1）微生物种类。过氧戊二酸对不同种类的微生物作用强度不同。在使用该消毒剂时，必须根据微生物种类的不同确定消毒剂使用浓度和作用时间。一般来说，过氧戊二酸对细菌繁殖体和肠道病毒作用最强，浓度为0.05%～0.1%时作用2～5min就能将其杀灭；而对芽孢菌和真菌，浓度为1%时作用60～120min或浓度为2%时作用30～60min才能将其杀灭。

（2）温度。温度对过氧戊二酸的杀菌作用有较大影响。对细菌芽孢的杀灭，在20℃～50℃范围内，温度越高，杀菌效果越好。在15℃以下，1%以上浓度析出结晶，而在低浓度（0.5%）下，在10℃以下仍不析出结晶，对细菌繁殖体的杀灭不受影响。

（3）pH。加酸使pH降低，对杀菌效果略有提高，加碱使杀菌效果有所下降。当pH高于7时，杀芽孢作用明显降低。

（4）有机物。10%～30%血清对1%浓度消毒液杀细菌芽孢的作用影响不明显。

(5) 消毒液放置稳定性。1% 消毒液放置 3 周,浓度下降 12%。

(6) 金属离子。金属离子对过氧戊二酸有加速分解的作用。

(7) 其他。0.03mol/L 磷酸可提高过氧戊二酸消毒液的稳定性,乙醇、乙酸均可提高该消毒液的杀菌效果。

4. 应用

过氧戊二酸具有良好的杀菌效果,可以用作消毒剂和灭菌剂。

(1) 医疗用品的浸泡消毒。浓度为 1% 的过氧戊二酸可用于医疗器械浸泡消毒,浸泡 30 ~60min(15℃ ~25℃)。

(2) 餐具、茶具浸泡消毒。用浓度为 0.1% 的过氧戊二酸消毒液浸泡 2 ~10min,消毒液可重复使用 1 ~2 天。

(3) 对水果、蔬菜浸泡消毒。用浓度为 0.1% 的过氧戊二酸消毒液浸泡 2 ~10min。

(4) 空气消毒。常温下,用浓度为 0.1% 的过氧戊二酸消毒液对室内空气进行气溶胶喷洒消毒,对人的呼吸道、粘膜均无刺激,且有一定的空气清新作用。喷洒 15min 后测定得,室内无人时自然菌下降率达 95%,有人居住或活动时自然菌下降率达 85%。

(5) 饮水消毒。15℃ ~25℃ 条件下,无色透明水用 100mg/L过氧戊二酸作用 30min,轻度浑浊水用 200mg/L 过氧戊二酸作用 30min,可杀灭水中致病菌和肠道病毒。

(6) 环境表面消毒。15℃ ~25℃ 条件下,浓度为 0.5% 的过氧戊二酸消毒液可用于物体表面的擦拭或喷洒消毒,作用 10min 可杀灭细菌繁殖体。浓度为 2% 的过氧戊二酸消毒液作用 60min，可用于芽孢菌污染表面的擦拭或喷洒消毒。

(7) 其他方面的消毒。浓度为 0.2% ~0.5% 的过氧戊二酸消毒液可用于皮肤表面擦拭和手的浸泡消毒，浓度为 0.1% 的消毒液可用于人体腔道、伤口的冲洗消毒。

五、含氯消毒剂

含氯消毒剂是指溶于水中能产生次氯酸的消毒剂，这类消毒剂早在本世纪初已开始用于对水的消毒处理。到目前为止，世界上的城市用水仍较多用氯来消毒处理。除此之外，含氯消毒剂还广泛用于医疗卫生、环境、生活各个方面的消毒。该类消毒剂分为无机化合物和有机化合物两类。目前我国常用的无机含氯消毒剂有漂白粉、次氯酸钠等，有机含氯消毒剂有二氯异氰尿酸钠等。含氯消毒剂的优点是可杀灭所有类型的微生物，使用方便，价格低廉；缺点是易受有机物和酸碱度的影响，有氯味，会漂白、腐蚀物品，有的品种性质不稳定，有效氯易丧失等。

1. 对微生物的杀灭作用及机理

含氯消毒剂的杀菌作用与有效氯含量成正比，因此使用剂量一般按药物的有效含量计算。氯气和氯化合物在水中能解离为次氯酸（HClO），次氯酸的浓度越高，杀菌作用就越大，反之杀菌作用越小。常温下，有效氯为 0.5 ~5.0mg/L 时，对细菌繁殖体作用 0.5 ~3min，杀灭率可达 100%；相同浓度对肠道病毒作用 0.5 ~6min，灭活率达 99.6% ~100%；浓度为 100mg/L 时对真菌作用 30 ~ 60min，浓度为

2 000mg/L 时对细菌芽孢作用 60min，杀灭率均可达到 100%。

一般认为含氯消毒剂的杀菌机理包括次氯酸的氧化作用、新生氧作用和氯化作用，但它们在杀菌作用中不是平行的关系。次氯酸不仅可与细胞壁发生作用，且因分子小、不带电荷，故易侵入细胞内与蛋白质发生氧化作用或破坏其磷酸脱氢酶，使糖代谢失调而致细菌死亡。新生氧是由次氯酸分解形成的，新生氧同细胞原浆结合，从而起到杀灭微生物的作用。氯化作用是指氯直接作用于菌体蛋白质，形成氮-氯复合物，从而干扰细胞的代谢，最后引起细菌的死亡。

2. 影响消毒效果的因素

（1）浓度与作用时间。在 pH、温度、有机物不变的情况下，一般认为有效氯浓度越高，作用时间越长，杀菌效果越好。

（2）pH。pH 越低，杀菌作用越强，随着 pH 上升，越来越多的次氯酸分解成氢离子与次氯酸根离子，而失去杀菌作用。

（3）温度。温度升高可增强杀菌作用。但不能对次氯酸钠溶液加热，否则会导致其分解，使杀菌效果降低。

（4）有机物。有机物的存在会消耗有效氯，从而影响杀菌作用。

（5）还原性物质。硫代硫酸盐、亚铁盐、硫化物、含氨基化合物等还原性物质会降低杀菌效果。

（6）水质硬度。硬度小于 400mg/L 时，对杀菌作用影响不大。

3. 毒性

本类消毒剂释放出来的氯，可引起流泪、咳嗽，并刺激皮肤和粘膜，严重者可引起急性氯气中毒。氯化磷酸三钠属无毒消毒剂，二氯异氰尿酸钠属低毒消毒剂，无致突变活性。本类消毒剂对金属、天然纤维纺织品有腐蚀，对织物有漂白作用。

4. 常用含氯消毒剂

（1）漂白粉。主要成分为次氯酸钙[$Ca(ClO)_2$]，有效氯含量为25%～32%，一般以含有效氯25%以上的为合格品。其稳定性差，遇热、日光、潮湿即分解，一般有效氯每月减少1%～3%。本品为白色或淡黄色粉末，有氯臭味，能溶于水，溶液浑浊。

（2）三合二。化学名为三次氯酸钙合二氢氧化钙[$3Ca(ClO)_2 \cdot 2Ca(OH)_2$]。性质与漂白粉相似，但与漂白粉相比有效氯含量高，可达56%～60%，稳定性较好，溶液中杂质沉淀较少。

（3）次氯酸钠（$NaClO$）。别名高效漂白粉，纯品为白色粉末，通常为灰绿色结晶，在空气中不稳定，溶液呈碱性。工业上将氯气通入氢氧化钠溶液中，制成白色或淡黄色次氯酸钠乳状液，含有效氯8%～12%，pH高达12。实验室可用电解食盐法制取次氯酸钠溶液。

（4）次氯酸钙[$Ca(ClO)_2 \cdot 3H_2O$]。又名漂白粉精，含有效氯80%～85%，为白色粉末，有氯臭味，易溶于水，受潮易分解，常温下有效氯含量下降较慢。

（5）氯化磷酸三钠[$Na_3PO_4 \cdot NaClO \cdot 12H_2O$]。又名氯

化磷酸钠，有效氯含量3% ~5%，为白色结晶状粉末，熔点60℃，性能稳定，易溶于水，去油垢能力强，有漂白作用。

(6) 液氯(Cl_2)。氯含量≥99.5%，是一种微黄色透明液体，易挥发为蓝绿色有强烈刺激性和窒息性的有毒气体。液氯能与金属化合，并能与多种有机物和无机物反应。氯与水生成盐酸和次氯酸。液氯性质极不稳定。

(7) 二氯异氰尿酸钠($C_3O_3N_3C_{12}Na$)。又名优氯净，含有效氯60% ~65%。本品为白色结晶粉末，易溶于水，有较浓的氯味。干粉贮存稳定，水溶液稳定性差，随着温度的上升或时间延长，有效氯减少量增加，紫外线可加速其分解。

5. 应用

(1) 溶液的应用。可用其水溶液进行喷洒、浸泡或擦拭。消毒各种对象所需浓度与作用时间不相同。含氯消毒剂不稳定，应避光、防潮、密封保存；消毒液配制前应测定有效氯浓度；所需溶液应现配现用。

漂白粉溶液中加入半量或等量的氯化铵、硫酸铵和硝酸铵，可增强其杀菌作用。该溶液称为漂白粉活性溶液。配成后应在1 ~2h内使用，否则效果大大降低。

二氯异氰尿酸钠可与去垢剂组成复方，如去垢消毒剂(含有效氯5% ~20%)、去污粉(含有效氯0.2% ~1.0%)或餐具洗涤液(含有效氯0.5% ~2.0%)等。去垢剂对其有增效作用，一般多使用十二烷基苯磺酸钠或硫醇酸钠；配去污粉时，可用硅酸钠或硅酸钾。二氯异氰尿酸钠与92号混凝剂按1∶4混合，可配成商品名为“遇水清”的饮水消毒剂。

将二氯异氰尿酸钠(或其他含氯消毒剂)溶于水中制成

冰块,可用于保存食物或制备冷饮。

将浓度为8%的次氯酸钠溶液和等量的十二烷基苯磺酸钠混合,即制成洗消液。用于消毒餐具时,取210mL洗消液,加35 kg水稀释成含有效氯240mg/L的溶液,让餐具在其中浸泡5~10min即可。洗消液也可用于擦(刷)洗浴池、厕所。

用磷酸盐缓冲液配成pH为7.6的含1%甲醇与100mg/L有效氯的次氯酸钠混合消毒液,杀灭细菌芽孢所需的作用时间不超过10min。该液适用于畏热医疗器械的处理,缺点是贮存稳定性差,需临用前现配。

(2)干粉的应用。多用于消毒含水分较多的排泄物。用量一般为排泄物的1/5,略加搅拌后作用2~4h时(肝炎或肠结核患者粪便应作用6h,肠道炭疽需作用12h)。当气候潮湿时,可直接喷撒其干粉消毒地面。常温下,漂白粉用量为20~40g/m^2,三合二或二氯异氰尿酸钠用量为10~20g/m^2,作用2~4h即可。

(3)熏蒸的应用。将三合二或漂白粉加入福尔马林中,用产生的甲醛蒸气进行熏蒸消毒。用药比例为三合二7g(或漂白粉8g)对8mL福尔马林。

将多聚甲醛干粉与二氯异氰尿酸钠干粉按24∶76的比例混合,制成醛氯合剂,点燃后可产生具有杀菌作用的气体。因两药相混后可逐渐反应而自燃,故应于临用前混合。若需制成固定剂型,则需用微胶囊将多聚甲醛包裹后再混匀制成剂型。固定剂型贮存3年多,外观无变化,杀菌效果也不降低。在温度18℃~20℃,相对湿度大于70%的条件下,用药量为3 g/m^3,点燃后关闭门窗作用1h,可杀灭室内表面细菌繁殖体99.9%以上。

6. 使用注意事项

（1）配制溶液前应先测定有效氯含量。二氯异氰尿酸钠稳定性较好，但其干粉可吸潮，有效氯含量可因吸收水分而降低，因此，贮存过久也应测定有效氯含量。

（2）消毒纺织品、金属制品时，使用浓度不宜过高，作用时间不宜过长。消毒后尽快用水清洗，去除残余药物以减轻腐蚀与漂白作用。

（3）室外少量使用时，人应居于上风向；大量使用时，应戴防毒面具或口罩、橡胶手套，穿防护服或长靴与围裙。室内喷洒消毒，工作人员如停留较久，应戴防毒面具，其他人员需待充分通风后再进入。

（4）药物应贮存在密闭容器内，放置于阴凉、干燥、通风处，以减少有效氯丧失与氯气积累。

（5）稀释次氯酸钠应用冷水，以免其受热分解。

六、含碘消毒剂

含碘消毒剂是一类用途广泛的消毒剂，它对细菌繁殖体、结核分枝杆菌、细菌芽孢、真菌和病毒都具有快速杀灭作用。

1. 碘伏

碘伏是碘与表面活性剂的不定型复合物，表面活性剂起载体和助溶作用。碘被载于表面活性剂所形成的胶粒束中央，可在水或溶剂中逐渐解聚释放出游离碘，而起到杀菌作用。由于使用时碘在载体中是缓慢释放出来的，因而在用于皮肤粘膜消毒时刺激小，杀菌作用持久。碘伏既保留了游离碘杀菌力强的特点，又克服了游离碘具刺激性、易升华、水溶性差以及易着色等缺点。

(1) 理化性质、剂型和毒性。

碘伏是复合物，随表面活性剂种类不同，其性能各异。目前有液体剂型(含有效碘0.3%～1.0%)、固体剂型(含有效碘9.0%～21%)、乳剂(含有效碘0.5%～2.0%)、膏剂(含有效碘0.85%～1.15%)和栓剂(含有效碘0.017～0.02g/粒)等。碘伏溶液呈红棕色，固体碘伏为黄棕色至红棕色的无定型粉末，乳剂、膏剂、栓剂均呈棕褐色。碘伏的毒性很低，对皮肤、粘膜刺激性小。碘伏对银、铜、铝和碳钢金属制品有一定的腐蚀性，对不锈钢无腐蚀。

(2) 对微生物的杀灭作用及机理。

对细菌繁殖体，碘伏的常用剂量为有效碘30～150mg/L，作用时间为1～2min。对细菌芽孢和真菌，碘伏的作用较弱。枯草杆菌黑色变种芽孢需有效碘200～300mg/L作用60min，500mg/L有效碘作用30min，100mg/L有效碘作用4h以上。10 000mg/L(1%)有效碘对白色念珠菌作用5min，可杀灭99.99%以上。25～50mg/L有效碘对石膏状发癣菌、光滑球状酵母菌、白色念珠菌、新型隐球菌等真菌有抑制作用。250mg/L有效碘作用10～20min可杀灭结核杆菌。250mg/L有效碘作用15min可将HBV－DNA破坏，作用30min可破坏HBsAg。

对微生物的杀灭机理：碘伏对微生物有较强的渗透性和氧化力，可使菌体外壳肿胀，破坏通透性屏障，使酶蛋白漏出或与酶蛋白反应而使之失去活性，并导致核心物质的漏出，壳质层断裂、卷缩、变形，以致死亡。

(3) 影响消毒效果的因素。

碘伏在低温下同样具有良好的杀菌作用，当温度升高其杀菌作用增强。在酸性环境中杀菌作用增强，在碱性环境中杀菌作用减弱。有机物对碘伏的杀菌作用有一定影响。

(4) 应用。

① 术前手消毒。在肥皂洗手、自来水冲净后，取消毒的刷子沾取第一碗碘伏(含有效碘0.5%～1%)约5mL刷手2min；再换消毒刷子沾取第二碗碘伏(含有效碘0.5%～1%)约5mL刷手2min。如此反复3遍，再取无菌巾擦干即可。

② 术野皮肤消毒。手术病人术前一日及手术当天用含有效碘100～200mg/L的碘伏作术野皮肤消毒，可使皮肤上的葡萄球菌大大减少。用含有效碘1.3%～2.3%的碘伏溶液对术野消毒10min可达到手术标准，且对皮肤无刺激性。

③ 泌尿生殖系统粘膜消毒。用碘伏代替普通润滑剂，有利于防止粘膜感染。用含有效碘0.75%～1%的碘伏消毒阴道，可取得较为理想的效果。

④ 口腔和粘膜消毒。有效碘浓度为0.75%的碘伏用于口腔粘膜消毒，可使口腔链球菌下降90%左右，白色念珠菌下降80%。有效碘浓度为0.3%～0.5%的碘伏可用于滴眼，治疗流行性结膜炎。

⑤ 污染伤口和烧伤创面处理。在手术关闭伤口前用有效碘浓度为0.1%的碘伏对伤口冲洗后，再用有效碘浓度为

1%的碘伏溶液喷洒，可降低伤口及腹腔感染并发症。

⑥ 碘伏可用于家庭、餐具、茶具、水果、蔬菜的消毒，还可用于环境表面的喷洒、擦拭等消毒。

(5) 使用注意事项。

① 消毒用的稀溶液稳定性差，最好现用现配。

② 消毒时，若有机物的含量较高，则应提高药物浓度或延长作用时间。

③ 避免与拮抗药物同用。

④ 尽量不用于消毒银、铝与二元合金的器具，以免腐蚀损坏。

⑤ 应避光密闭保存，不宜受热，当温度高于40℃时即分解。

2. 碘

(1) 理化性质、剂型和毒性。

碘(I_2)，分子量为253.81，常温下为灰黑色或蓝黑色且有金属光泽的片状结晶或块状物，质重、脆，有特臭。碘在常温下能挥发，不易溶于水，在乙醇、乙醚中易溶解。碘的饱和溶液呈酸性。碘在溶液中除呈双原子碘(I_2)外，还可呈三原子碘(I_3)及离子状态。I_2 的杀菌力比 I_3 强。常用剂型为碘酊或碘液，碘浓度为20g/L。

碘有一定毒性，口服0.1g碘可产生不适，口服2~3g碘可引起死亡。碘可使织物着色，对皮肤有刺激性，高浓度时可使皮肤烧伤。

(2) 对微生物的杀灭作用及机理。

浓度为50mg/L的溶液作用10min可杀灭细菌繁殖体，

1 000mg/L溶液作用 2min 可杀灭细菌芽孢。碘具有高度杀灭或抑制真菌的能力。2% 碘液作用 1min，可杀灭各种微生物。

对微生物的杀灭机理：碘元素的渗透能力很强，有沉淀蛋白质的作用，可直接卤化菌体蛋白质，使微生物死亡。

(3) 影响消毒效果的因素。

影响消毒的因素主要有温度、pH、有机物和碘化物。温度、pH、有机物对杀菌效果的影响同碘伏。当配制碘水溶液或碘酊时，碘化物含量过多，可使游离碘变为碘化物，从而减弱杀菌效果。一般在配制时加入约等量的碘化钾或碘化钠，对杀菌效果影响较小。

(4) 应用。

一般用碘水溶液或碘酊进行消毒处理。皮肤、伤口消毒，用 2% 碘酊或碘液涂搽，作用 1min，需要时可用 70% 乙醇将残余碘擦净。粘膜可用 0.05% ~0.1% 碘液冲洗。外科小件器材、体温计和洗手刷可在 2% 碘液中浸泡。

碘酊(2%)的配方为：碘 2g，碘化钾(钠)1.5g，蒸馏水 48mL，乙醇(95%)加至 100mL。

碘液(2%)的配方为：碘 2g，碘化钾(钠)2.4g，蒸馏水加至 100mL。

配制以上碘制剂时，先将碘化钾(钠)溶于水与乙醇中，然后再加碘。

碘液的杀菌能力与液体中游离碘的颜色深浅成正比。例如，在 1∶4 000 浓度碘液中加入有机物(10% 肉汤)，其颜色立即褪到和 1∶10 000 浓度碘液相似，其杀菌效果也相应下降；在 2mL 1∶1 000 碘液中加入 2 滴 2mol/L 氢氧化钠，碘色褪尽，杀菌作用也完全消失。应用中，可以借药液颜色深浅判断其杀菌能力。

（5）使用注意事项。

① 碘在室温下可升华，配制的溶液应贮存于密闭容器中。时间过久，颜色变浅，应测定碘的含量，将浓度补足。

② 使用低浓度碘液消毒时，应根据介质的酸碱度与含有机物的量，考虑增加浓度或延长作用时间。

③ 宜及时清除物品表面沾有的碘液，以免长期作用引起损害。

④ 碘（特别是碘酊）对伤口刺激性强，用时应注意。

七、乙醇

乙醇是一种应用广泛的消毒剂，消毒效果可靠，对物品损害小，对某些消毒剂有增效作用或协同作用，还是一种良好的溶剂。

1. 理化性质和毒性

乙醇的分子式为 C_2H_5OH，分子量为 46.07。其为无色透明液体，易燃、易挥发，有较强的酒味，能与水、甘油、氯仿以任何比例混合，市售乙醇浓度按体积计算不低于94.58%。

乙醇对粘膜有刺激性，有脱脂作用，使皮肤干燥、粗糙和裂口。常规使用浓度的乙醇对人无害。空气中乙醇的容许浓度为 1 500mg/m^3。乙醇对消毒物品无损害，但橡胶制品和塑料制品长时间接触乙醇会变硬。光学器材如纤维窥镜，可用乙醇消毒。

2. 对微生物的杀灭作用及机理

70%的乙醇作用1min可杀灭化脓性球菌、淋病双球菌、伤寒杆菌、肺炎双球菌，作用10min可杀灭多种病毒，作用5min可杀灭结核杆菌；相同浓度的乙醇对真菌也具有很好的杀灭作用，作用时间为30～60min。乙醇对细菌芽孢无杀灭作用。

乙醇对微生物的杀灭机理是使蛋白质变性，干扰微生物代谢和对细胞的溶解作用。

3. 影响消毒效果的因素

乙醇浓度对微生物杀灭的影响较大。乙醇在有一定水分的情况下才能发挥其杀菌作用，浓度太高不利于乙醇向微生物内部穿透，特别是在高浓度下，菌体外表很快形成固化保护层，浓度太低时，虽易穿透，但杀菌效果不理想，故一般65%～80%乙醇的杀菌效果最强，浓度低于50%时仅有抑菌作用。乙醇可使蛋白质变性、凝固，因此乙醇不宜用于消毒血液、脓和粪便污染的表面。温度升高，杀菌作用增强。

4. 应用

乙醇对细菌芽孢无杀灭作用，故不能用于灭菌，只能用于消毒。消毒时，一般用65%～75%（体积分数）的乙醇水溶液浸泡、涂擦，作用时间为5～60min。体温计在浸泡前应先将其粘液擦去，手在浸泡前应先用肥皂和水擦洗。

消毒结核病患者的痰液，加2倍量的95%乙醇，作用30～60min。对于干燥的痰膜，则需用70%乙醇作用30min以上，浓度高于70%，效果反而不好。乙醇还作为氯己定、戊二醛、过氧戊二酸、含碘消毒剂、苯扎溴铵的增效剂使用。

5. 使用注意事项

(1) 不宜用于外科器械灭菌。临床上用乙醇棉球消毒采血针和针灸针不能防止乙型肝炎传播。

(2) 物品消毒前,应尽量将表面沾附的有机物清除。

(3) 不宜用于消毒涂有醇溶性涂料的表面。

(4) 注意使用时的浓度,一般勿超过 80%。

(5) 浸泡处理时,勿使物体带有过多水分,以免稀释了药液,降低效果。

(6) 保存时,应放于有盖容器内,以免有效成分挥发。

八、 煤酚皂溶液

煤酚皂溶液的商品名为来苏儿,其主要成分是甲酚,分子式为 $C_7H_8O_2$,分子量108.14。市售品甲酚含量为 48% ~ 52%(体积分数)。

1. 理化性质和毒性

煤酚皂溶液为黄棕色粘稠液体,有酚臭味,可溶于水和乙醇。其水溶液呈浅棕色透明状,碱性,稳定性好,可长期储存。煤酚皂溶液对皮肤粘膜有腐蚀性及刺激性,高浓度会使皮肤发白或产生红斑,甚至可引起皮炎,部分人对其特殊臭味较敏感。作业现场空气中容许浓度为 $22mg/m^3$。

2. 对微生物的杀灭作用及机理

煤酚皂溶液只能杀灭细菌繁殖体,不能杀灭细菌芽孢和乙型肝炎病毒。用 2% 煤酚皂溶液作用 10 ~ 15min,能杀灭一般致病菌。用 5% 煤酚皂溶液作用 30min,可杀灭结核杆菌。

煤酚皂溶液对微生物的杀灭机理是使蛋白质凝集沉淀，并使细胞的主要酶系统失活，从而将微生物杀死。

3. 影响消毒效果的因素

用硬水配制煤酚皂溶液，会发生沉淀，影响消毒的效果。有机物也会降低煤酚皂溶液的杀菌作用。食盐和乙醇可加强其杀菌作用。当温度由20℃升至40℃时，消毒时间可缩短一半。

4. 应用

一般多用1%～5%的煤酚皂水溶液浸泡、喷洒或擦抹污染物体表面，作用30～60min。

为加强其杀菌作用，可将药液加热至40℃～50℃。若用煤酚皂溶液浸泡金属器械，可加1.5%～2%碳酸氢钠作防锈剂。

消毒皮肤，可用1%～2%煤酚皂溶液浸洗。其消毒效果优于用肥皂流水洗手，但远不及0.2%过氧乙酸水溶液。

5. 使用注意事项

(1) 因煤酚皂溶液毒性较大，气味易滞留，故不可用于消毒食物和食具。

(2) 刺激性强，消毒皮肤所用浓度不能超过2%，切勿用于消毒粘膜。

(3) 配制煤酚皂水溶液勿使用硬度过高的水，若水的硬度较高，则应加大浓度。

九、苯扎溴铵

苯扎溴铵的商品名为新洁尔灭，属于季铵盐类消毒剂，自从1953年问世以来，在我国曾应用于体温计、便器、食具、用具、运输工具及医护人员手等的消毒，因其杀灭繁殖体作用较强，低浓度下对皮肤粘膜毒性轻微，故常以涂抹与浸泡的方式对皮肤粘膜进行消毒。近年来发现细菌对该消毒剂产生了抗药性，其消毒效果已大大降低，目前应用逐年减少。

1. 理化性质和毒性

苯扎溴铵的化学名称为十二烷基二甲基苯甲基溴化铵。其分子式为$C_{21}H_{38}NBr$，分子量为384.46。常温下为淡黄色胶状体，具有芳香气味，极苦，易溶于水。配成溶液后，无色透明，无毒无臭，无挥发性和腐蚀性，性质稳定，耐光耐热，可长期储存。

苯扎溴铵有一定毒性，不宜用于饮用水消毒。使用中会使部分过敏体质的人出现荨麻疹或水肿，表现出轻度不适感；会腐蚀铝制品并使金属生锈。

2. 对微生物的杀灭作用及机理

苯扎溴铵是一种低效消毒剂，只能杀灭一般细菌繁殖体及亲脂病毒，而不能杀灭细菌芽孢、结核杆菌、亲水病毒，也不能杀灭肝炎病毒。其对革兰氏阳性菌的杀灭效果较对革兰氏阴性菌强，如对布片上的痢疾杆菌，用1∶1 000浓度的苯扎溴铵溶液作用20min才能杀灭，而对金黄色葡萄球菌作用5min即可达到杀菌效果。

对微生物的杀灭机理：苯扎溴铵在水中水解时产生阳性离子，吸附于微生物表面，并渗透到胞浆膜的类脂层，改变细胞的通透性，使细胞内物质外渗，从而起到杀菌作用；同时苯扎溴铵可使细菌蛋白变性、凝固，阻止细菌代谢，导致细菌死亡。

3. 影响消毒效果的因素

（1）有机物可妨碍苯扎溴铵消毒剂与微生物接触，消耗消毒剂，影响消毒效果。

（2）苯扎溴铵消毒效果随溶液 pH 的升高而增强，随温度的升高而增强。

（3）苯扎溴铵对阴离子表面活性剂，如肥皂、洗衣粉有拮抗作用；对非离子表面活性剂，如吐温－80 也有拮抗作用。碘、碘化钾、过氧化物、升汞、磺胺类药物以及钙、镁、铁、铝等，对苯扎溴铵都有拮抗作用。

（4）苯扎溴铵溶液中加入纤维织物，纤维织物会吸附大量的药物，出现对纤维本身消毒效果好，而溶液中药物浓度大大降低的现象。

4. 应用

（1）对皮肤消毒。因现有效果更好的药物可选用，故已不主张用苯扎溴铵对皮肤消毒。1∶5 000 苯扎溴铵溶液可用于妇科粘膜冲洗消毒。

（2）对器械的浸泡消毒。过去曾用0.1%苯扎溴铵溶液浸泡器械，但由于其不能达到灭菌效果，现已明确规定苯扎溴铵不能用于医疗器械的灭菌。

（3）苯扎溴铵1∶5 000 溶液浸泡 15～30min 可用于织物的消毒；0.1%～0.5%溶液可用于喷洒、擦拭消毒，作用时间为 10～60min。

5. 使用注意事项

（1）苯扎溴铵溶液易被微生物污染，最好随用随配，放置时间一般不宜超过 2～3 天。使用次数较多，或发现溶液变黄、发浑以致产生较多沉淀时,应随即更换。

(2) 物品表面(或皮肤)沾有拮抗药物,应洗净后再消毒,不要与肥皂或其他阴离子洗涤剂同用,也不可与碘或过氧化物等消毒剂合用。

(3) 配制的水溶液用时避免形成泡沫,因泡沫中药物浓度比溶液中高,会影响药物的均匀分布。

(4) 本品不能杀灭结核杆菌和芽孢,不是灭菌剂;不宜用于消毒粪便、痰液等排泄物与分泌物;不宜用其溶液对手术器械进行灭菌,或浸泡无菌器材。

十、氯己定

氯己定的商品名为洗必泰,由于其杀菌作用好,合成简单,性能稳定,使用方便,因而得到了广泛的应用,已成为目前化学消毒剂家族中的主要成员之一。

1. 理化性质和毒性

氯己定,化学名为1,6-双(正-对氯苯双胍)己烷,又名双氯苯双胍己烷,难溶于水,可与无机盐或有机酸形成盐类。目前常见的盐类有盐酸盐、醋酸盐与葡萄糖酸盐。前两者在水中溶解度很低(在20℃时,分别为0.06%与1.9%),皆可溶于醇。葡萄糖酸盐为无色或浅黄色水溶液,味苦,能与水、醇、甘油等互溶,性质稳定。氯己定盐的水溶液具有中度的表面活性,无色无臭。

氯己定属于低毒类,难为人体所吸收,人每天口服2g盐酸氯己定,连续一周,无中毒现象。常用浓度(0.1%~0.5%)对人体皮肤无明显刺激作用,浓度大于1%时有轻度刺激。氯己定可引起应激性中枢聋哑，故不能用于中耳及脑外科手术。

2. 对微生物的杀灭作用及机理

氯己定可杀灭革兰氏阳性与阴性的细菌繁殖体，但对结核杆菌、某些真菌及细菌芽孢仅有抑制作用。氯己定的水溶液与醇溶液都有较好的杀灭细菌繁殖体的作用。

对微生物的杀灭机理：氯己定吸附于菌体表面，破坏细胞膜，造成胞浆组分渗漏，抑制脱氢酶的活性，高浓度时可凝聚胞浆组分。

3. 影响消毒效果的因素

有机物能减弱氯己定的杀菌作用，浓度0.1%以上的肥皂可显著降低其杀菌效果。氯己定不宜与阿拉伯胶、硝酸银、硫酸铜、甲醛、红汞等药物配伍使用。另外，阴离子去污剂可与氯己定反应，并使之失活。吐温-80可作为氯己定杀菌试验的中和剂。氯己定在pH 5.5~8时有活性，偏碱性时活性最佳，pH大于8时出现游离碱基沉淀。以醇类为溶剂时其杀菌效果也有明显提高。

4. 应用

(1) 皮肤消毒。氯己定可用于手术前医护人员手或病人手术前局部及全身皮肤的消毒。擦拭消毒用0.5%氯己定醇(75%)溶液。

(2) 粘膜消毒。广泛用于尿道插管和膀胱、阴道冲洗消毒，所用氯己定水溶液浓度为0.02%~0.05%。口腔粘膜外科手术可用0.2%~0.5%氯己定水溶液进行消毒。

(3) 创面消毒。可用0.05%氯己定水溶液冲洗伤口。0.05%的氯己定盐水棉球、0.5%的氯己定凡士林纱布、1%

的氯己定软膏、1% 的氯己定扑粉等，均可用于各种外科创面消毒的处理。

（4）其他消毒。0.02% ~0.5% 氯己定水溶液或醇溶液可用于物体表面消毒；用0.02% 氯己定水溶液漱口可辅助治疗口腔疾病。将氯己定与碘片反应，再经吸滤、抽干、重结晶、干燥后可制成氯己定-碘络合物，该络合物的水溶液具有良好的杀菌作用，用于伤口的冲洗消毒，不仅可减少感染，还可促进伤口的愈合。

5. 使用注意事项

（1）勿使用硬度过高的水配制溶液。水质过硬可使氯己定与碳酸盐和硫酸盐发生复分解反应而出现浑浊。配制时应将水软化，或用蒸馏水与去离子水。配制的溶液可存放1 个半月左右。如有结晶沉淀，应加热至 90℃ 使之复溶。

（2）不要与肥皂及其他拮抗消毒剂同用。

（3）物品表面黏附的有机物应先尽量擦除。

（4）不宜用于消毒粪便、痰液等排泄物与分泌物。

（5）不是灭菌剂，故不宜用于对外科器械的灭菌。

第四节　强氧化高电位酸性水

一、概述

强氧化高电位酸性水是一种由电解水装置电解食盐水

产生的具有高氧化还原电位、强氧化性、pH 为 2.0 ~ 3.5 的酸性水。在国外名称比较混乱，我国期刊文献中常见到的名称有：高氧化酸性水、高电位酸性水、强酸性水、超氧化水、高氧化还原电位水、强氧化离子水等。强氧化高电位酸性水生产装置是 1982 年在日本研究成功的，其产品开始只用于清洗感染创面，直到 1989 年才开始研究强氧化高电位酸性水的杀菌效果。该装置大约于 20 世纪 90 年代中期传入我国，目前国内已有较多产品面世。

二、应用范围

目前，强氧化高电位酸性水应用于消毒的研究还不够系统，实际消毒中值得研究的问题还比较多。国外将强氧化高电位酸性水首先用于治疗外伤，特别是感染创面的清洗，起到了良好的治疗作用。近几年国内医院开始较普遍使用，但实际用于外伤创面清洗的还不多，多用于预防性消毒。

1. 伤口创面清洗消毒

强氧化高电位酸性水无色、无味、无刺激性，可直接用于伤口清洗消毒和各种创面脓性分泌物的清洗，特别是对烧伤创面和褥疮护理，对于伤口愈合具有良好的促进作用。何晓红（1999）报道，用强氧化高电位酸性水对 208 例会阴部伤口作冲洗消毒，其中有撕裂伤和侧切切口，有新鲜伤口也有已感染的伤口，只要用强氧化高电位酸性水将伤口冲洗干净，保持清爽舒适，均可起到良好的促进伤口愈合作用，清洗消毒后立即采样培养，可使细菌转阴。

2. 内镜消毒

用强氧化高电位酸性水消毒内镜需要慎重进行，必须在内镜彻底清洗干净并干燥的前提下，然后将其浸入强氧化高电位酸性水中，时间不少于15min。若有残留蛋白质等有机物，特别是活检腔和水气阀处的残留污染，极可能造成消毒失败。高哲平(1999)报道，将彻底清洗后的胃镜在强氧化高电位酸性水中浸泡1～5min，可使胃镜表面细菌率下降99.9%，胃镜内壁细菌率下降98.8%。这种内外杀菌效果的差别可能是由内壁清洗不彻底所致。国外有报道称，用强氧化高电位酸性水消毒内镜最好在自动消毒机上进行，使用新生产的强氧化高电位酸性水，循环量应在10～20L，如此可以降低有机物的影响。

3. 餐饮具和水果蔬菜消毒

由于强氧化高电位酸性水无毒无味也无残留物，所以适合于餐饮具和水果蔬菜的消毒。可将清洗过的餐饮具和水果蔬菜沥尽剩余水分，完全浸泡于强氧化高电位酸性水中3～5min，可杀灭肠道致病菌和病毒，达到安全的要求。

第四章　农村常用杀虫知识

第一节　概　述

凡能传播疾病或危害人类健康的节肢动物，统称医学昆虫。这些虫类均属于节肢动物门的昆虫纲（如蚊、蝇等）及蜘蛛纲（如蜱、螨等）。

一、医学昆虫的主要危害

医学昆虫的主要危害有：

1. 传播疾病

医学昆虫可通过机械性或生物性方式传播多种传染病。由这些医学昆虫传播的疾病称为媒介生物传播性疾病，简称虫媒病。目前已知各种医学昆虫在自然情况下可传播的主要疾病如下：

蚊：可传播疟疾、丝虫病、流行性乙型脑炎（乙脑）、登革热，国外尚有黄热病、西尼罗热、东方马脑炎、西方马脑炎、委内瑞拉马脑炎、圣路易脑炎、基孔肯雅热等。

蝇：可机械性携带痢疾、伤寒、霍乱、肝炎、脊髓灰质炎、炭疽等病原体并传播，还可引起蝇蛆病等。

蚤：可传播鼠疫、地方性斑疹伤寒。

虱：可传播流行性斑疹伤寒、虱传回归热。

蟑螂：可机械携带某些肠道传染病病原体并传播。

白蛉：可传播黑热病、皮肤利什曼病（东方疖）、白蛉热。

蠓：有乙脑病毒的自然感染，可传播两种家畜蟠尾丝虫病。

虻：可传播炭疽、野兔热、罗阿丝虫病。

蚋：可传播人、畜蟠尾丝虫病（河盲症）。

蜱：可传播森林脑炎、新疆出血热、蜱传回归热、莱姆病、Q 热、北亚热等。

恙螨：可传播恙虫病，在鼠间并可能在鼠、人间传播流行性出血热。

革螨：在鼠间并可能在鼠、人间传播流行性出血热，可能为某些自然疫源性疾病的传播媒介。

2. 骚扰吸血

昆虫的叮刺骚扰给人带来的威胁也是很大的。如夏季野外作业时，蚊、蠓、虻、蚋常成群结队尾追袭人，严重影响人们的工作和休息。虽臭虫的传病作用还不明确，但其叮咬侵袭可使人彻夜难眠。

新疆地区，蚊、蚋是夏、秋季的优势种，对当地居民及牲畜叮刺骚扰极甚，反映强烈。北湾地区在蚊虫活动季节高峰，叮刺指数为 166 只/（人·分钟），在荒漠草丛一帐次 5min 即可捕 1 054 只。曾观察到在人背部拍打一巴掌就可打死 45 只蚊虫。蚊虫中以刺扰伊蚊危害最严重，刺扰伊蚊 5

月下旬出现，6 月下旬出现高峰，此时一帐次 5min 可捕获 690 只，到 9 月下旬才销声匿迹。2004 年 7 月，经 24h 连续观察，一帐一昼夜共捕蚊 10 233 只，其中刺扰伊蚊 10 181 只，占捕获蚊虫总数的 99.50%。每当进入荒漠草丛巡逻，成群蚊、蚋即尾随追逐，1 人 15min 内受侵袭叮刺的蚊、蚋达 4 750余只，平均 1min 有 300 余只。

黑龙江珍宝岛地区的“三班倒”吸血双翅目昆虫由蚊、蠓、蚋、虻组成，以蚊、蠓为主。当地有 50 余种吸血蚊、蠓，其中刺扰伊蚊和刺螯库蠓为优势种。春季蠓类最多，夏季蚋的数量占优势，秋季刺扰伊蚊的数量占优势。据调查，江边林间 8 月下旬一人帐次可诱到 2 172 只蠓，9 月初一人帐次可捕蚊 1 571 只，绝大多数为刺扰伊蚊。

3. 可用作生物袭击

战时，敌人可利用人工感染病原微生物的某些虫类进行生物战，以传播疾病。在平时，恐怖分子可以利用这些虫类进行生物恐怖。可能使用的由媒介昆虫传播的生物战剂有：① 由蚊类传播的登革热、乙型脑炎、黄热病、东方马脑炎、西方马脑炎、委内瑞拉马脑炎、基孔肯雅热等病毒；② 由蝇类传播的霍乱、炭疽菌；③ 由蚤类传播的鼠疫杆菌；④ 由蜱类传播的森林脑炎、Q 热、落矶山斑疹热、炭疽、野兔热等。

二、几个基本概念

1. 杀虫

杀虫在医学上是指对医学昆虫进行有效防治的总称，其目的是预防疾病、消除危害、保障人类健康。

2. 卫生害虫

随着人们生活水平和对健康的要求不断提高,杀虫的对象也有所改变,从原来的医学昆虫扩大到卫生害虫。卫生害虫是指那些可对人类健康造成直接或间接危害、影响人们正常生活的所有节肢动物。杀虫即是指对卫生害虫进行有效防治的总称。杀虫不仅能预防疾病,也是提高人们生活质量的一种手段,对防治对象的范围也有所扩大,防治的标准和要求也相应提高。一般来讲,医学昆虫可等同于卫生害虫。

3. 媒介生物

媒介生物即病媒生物,是指能传播疾病的生物,一般指能传播人类疾病的生物,包括节肢动物(昆虫纲和蛛形纲动物)和啮齿动物。

4. 有害生物防治业

有害生物防治业(Pest Control Operation)是指用各种方法和技术来驱除、防治有害生物,并由此而形成的一门产业,简称 PCO。有害生物防治业(PCO)经过一百多年的发展,到20 世纪末,有专家指出,现代的有害生物防治重点应转向影响有害生物孳生诸因素的管理方面,即综合采用文化的、环境的、物理的、生物的和化学的方法,营造害虫难以孳生的环境以达到害虫防治目的。因此,目前 PCO 的概念正逐渐被PMP(Pest Management Professional,有害生物管理)概念所取代。

三、 媒介昆虫的防治

在所有的媒介昆虫中,蚊、蝇、蟑螂在全国广泛存在,对人的威胁最大，必须引起高度重视。其他媒介昆虫及其所传播的疾病对人的威胁也同样不可忽视。因此，认真搞好杀虫工作，无论对平时的除害灭病、生物恐怖事件的防范和应急救援以及战时的反生物战，都是极为重要的。

1. 媒介昆虫的防治原则

媒介昆虫的防治，除应遵照一些共性要求，如加强组织领导，充分发动群众，实行专业人员与群众相结合，采用简便、经济、快速的方法，合理用药防止产生抗性，注意人畜安全外，尚须根据媒介昆虫的防治特点，贯彻以下策略：

（1）选准防治对象。在一个地区，一种虫媒病的媒介昆虫，可能只有一种，也可能有数种。如果一个地区的某种虫媒病的传播存在着数种媒介昆虫，其中必有一种起主导作用，其他的则处于次要地位。因此，找出其主要的媒介昆虫，首先加以消灭，在除害灭病中甚为重要。例如，我国海南岛某地，传播疟疾的按蚊有数种，其中以微小按蚊为主要传播媒介。在 1958 年 7 月间，该地区居民的疟原虫感染率为 80%，当该地基本消灭了微小按蚊以后，疟原虫感染率下降至 10% 以下。

（2）采取综合措施。综合措施包括：环境治理、化学防治、生物防治、遗传防治、法规防治等。应以环境治理为基础，化学防治为主要手段，因时因地采取相应的有效措施。

（3）抓好主导措施。防治媒介昆虫，应根据对象生活史与习性的薄弱环节，在综合措施中选择起主导作用的关键措施，集中力量予以解决，可取得事半功倍的效果。例如，登革热的传播媒介伊蚊孳生于小积水中，面积小，采取翻缸倒罐、填塞树洞和竹筒、清除小积水等消除孳生地措施，可迅速有效控制伊蚊密度和登革热的流行；疟疾的媒介微小按蚊与黑热病的媒介中华白蛉，均具有嗜吸人血、栖息室内、对杀虫剂敏感的特点，因此，采用室内滞留喷洒，能有效控制媒介的密度与这两种病的流行。

（4）掌握杀灭时机。媒介昆虫均具有明显的季节性，应根据不同媒介的季节消长，有针对性地选择杀灭时机。夏季是多数媒介昆虫的繁殖高峰季节，为此，在夏季之前和夏季，采取“打早、打小、打了”的方法，可以有效控制其密度。但又要根据不同地区媒介的习性来灵活掌握，如地里纤恙螨是我国南方夏季型恙虫病的媒介，小盾纤恙螨是江苏、山东秋冬型恙虫病的媒介，对这两种螨的杀灭时机就应进行区分。

（5）做好监测工作。媒介昆虫一般繁殖较快，能在短时期内达到较高的密度而引起疾病流行。为此，需要做好监测工作，始终将媒介昆虫密度控制在规定的密度指标以下。例如，在南方鼠疫疫区，要求将鼠体印鼠客蚤指数控制在 1 以下；在登革热疫区，应将埃及伊蚊、白纹伊蚊的布雷图指数（Breteau Index，为当地每 100 户有媒介伊蚊孳生的容器数，计算公式为：阳性容器数/检查户数 ×100）控制在 5 以下。1999 年福州登革热高发区连坂村布雷图指数曾高达 199.8，经采取控制孳生地措施后，布雷图指数降至 3.2，疫情即自行停止。

（6）必须持之以恒。媒介昆虫分布广、繁殖快，因此，防治媒介昆虫应坚持不懈，反复进行，把经常性与突击性结合起来。应经常总结经验教训，不断巩固防治成果。

2. 媒介昆虫的防治方法

媒介昆虫的防治是预防和控制虫媒病的重要手段。自从20世纪40年代有机合成杀虫剂发明和推广以来，媒介昆虫的防治工作取得了长足的进步，有机合成杀虫剂在某些地区的虫媒病如疟疾、黑热病的控制中起到了举足轻重的作用。但是，实践证明，长期单一地使用化学杀虫剂不能普遍地解决媒介昆虫的防治问题，特别是在目标媒介昆虫产生对杀虫剂的抗药性之后。杀虫剂对自然环境的污染等问题的存在和发展使人们不得不寻求更加科学有效的防治途径和策略。

综合治理是媒介昆虫防治的一种综合性策略，它从媒介与生态环境和社会条件的整体观点出发，标本兼治，以治本为主，根据安全(包括对环境无害)、有效、经济和简便的原则，因地因时制宜地对防治对象采取各种合理手段和有效方法，组成一套系统的防治措施，把目标媒介昆虫的种群数量降低到不足以传播疾病的程度。综合治理不仅仅是两种或几种防治方法或手段的简单合并使用，也不片面地反对使用化学杀虫剂，它是强调目标害虫的防治与环境的统一；强调治本，把环境治理放在首位；同时也强调防治措施及方法的系统组合，并以控种群数量为一般防治目的。

综合治理的目标是种群，而不是种。所谓种群，是指在一定空间(或地域)内同种个体的集合。特定种群的出生率、死亡率、平均寿命、性别比例、年龄组配和种群所处的环境温度、湿度、光照、降雨量等生态条件都对种群的数量和密度变化造成直接或间接的影响。媒介昆虫防治就是通过改变上述因素或直接杀灭来达到降低种群数量的目的。

媒介昆虫的防治方法包括以下六个方面。在制定系统的综合治理措施时，可以有选择地联合采用。

(1) 环境治理。环境治理是根据媒介昆虫的生态和生物学特点，通过改变环境达到减少目标媒介昆虫孳生、预防和控制虫媒病的目的。环境治理包括环境改造和环境处理。例如，通过基础卫生设施的改造和修建，阴沟、阳沟和臭水沟等排水沟渠的改造以及翻盆倒罐、消除蚊虫孳生地等，以减少孳生场所，防止媒介昆虫孳生繁殖；也包括改善人们的居住条件和生活习惯，搞好环境卫生，以减少或避免人、媒介、病原体三者的接触机会，从而防止虫媒病的传播。

(2) 物理防治。物理防治是指利用各种机械、热、光、声、电等手段以捕杀、隔离或驱赶害虫的方法。日常生活中见到的如装纱窗纱门防止蚊蝇等进入室内，挂蚊帐防止蚊虫叮咬，高温灭虱，用捕蝇笼、捕蝇纸诱捕成蝇等，均属物理防治。

(3) 化学防治。化学防治是指使用天然或合成的化合物毒杀、驱避或诱杀害虫的方法，其中又以人工合成的化合物为主，包括杀虫剂、驱避剂等。

常用的化学杀虫剂有有机氯类、有机磷类、氨基甲酸酯类、拟除虫菊酯类杀虫剂，以及昆虫生长调节剂。

另外，有些化合物制剂对媒介昆虫不一定有明显的毒杀作用，但有驱避或引诱功能，在防治媒介昆虫中具有独特的作用。例如，驱蚊油、避蚊胺对吸血昆虫特别是蚊虫有良好的驱避作用；三甲基胺对蝇类，茴香醛、亚油酸、亚麻酸对蟑蝍有引诱作用。引诱剂配合杀虫剂使用可以提高毒杀效率。

化学防治目前仍然是媒介昆虫防治的主要手段，它具有见效快、使用方便和适于大规模应用等优点。但抗药性的产生和发展严重地影响了化学防治的有效性。在第二次世界大战以后，随着有机合成杀虫剂的广泛应用，昆虫抗药性迅速发展蔓延，到目前为止，除了舌蝇以外，几乎所有重要医学昆虫类别以及疾病媒介种类都有抗性种群发生。抗药性的出现导致用药量的提升和继后的严重环境残留污染。

为了避免和延缓抗药性的产生和发展，可以考虑采取下列措施：① 合理计划和适当使用新启用的杀虫剂；② 有计划地轮换使用杀虫剂，或混合使用两种不同毒杀机制的杀虫剂，包括使用增效剂，可以延迟对杀虫剂抗性的产生；③ 使用杀虫剂时应该在许可的范围内使用足够的剂量，可以延迟抗性的产生；④ 尽量采用综合防治措施。

（4）生物防治。生物防治是指利用某些生物（天敌）或其代谢物来防治某些害虫。生物防治中的生物可分为两类，即捕食性生物及致病性生物。前者如鱼、蜻蜓、剑水蚤、水生甲虫、捕食性蚊虫等，后者如病毒、细菌、真菌、原虫、线虫、寄生蜂等。其特点是对人畜安全、不污染环境、多数有较长的持续抑制作用。但由于其人工培养和在外界自然繁殖需要一定的条件，且灭虫缓慢，特异性又高，在实际应用中受到一定的限制。

（5）遗传防治。广义而言，遗传防治是通过改变或移换昆虫的遗传物质，以降低其繁殖势能或生存竞争力，从而达到控制或消灭一个种群的目的。例如，释放大量用照射、化学剂、杂交的方法处理的绝育雄虫，令其数量远远超过目标种群，迫使其雌虫与绝育雄虫交配，产出未受精卵。在美国的库拉索岛，采用释放绝育雄蝇的方法，曾成功地防治了危害牛群的嗜血锥蝇。但此法需要配合的条件很多，实用性不大。也有通过释放遗传变异的能育害虫，包括胞质不育、染色体易位、性畸变和带致死因子的害虫，与目标种群交配，使种群自然递减的尝试。

(6) 法规防治。法规防治指利用法律或条例规定，防止媒介昆虫的传入，对某些重要害虫实行监管，或采取强制性措施消灭某些害虫的工作。它通常包括检疫、卫生监督和强制防治三方面。

第二节　化学杀虫剂

杀虫剂是一类对昆虫具有毒杀作用的天然或人工合成的有毒化合物。其作用于昆虫的方式主要有胃毒、触杀、熏蒸和内吸四种。胃毒作用是药剂通过害虫的口器和消化系统进入虫体使害虫中毒死亡。具有胃毒作用的药剂称为胃毒剂。触杀作用是害虫接触到药剂时，药物通过虫体的表皮进入虫体内使害虫中毒死亡。具有触杀作用的药物称为触杀剂。熏蒸作用是指杀虫剂呈气态或气溶胶的形式经昆虫的气门进入虫体内而引起昆虫中毒死亡。内吸作用是药物被宿主吸收后，分布在其体液内，害虫通过吸食宿主的体液而中毒死亡。大多数杀虫剂主要以触杀作用为主,兼有胃毒或内吸作用。

1945年前后,相继出现了高效低毒的有机氯杀虫剂,如滴滴涕、六六六、林丹、三氯杀虫酯等。有机氯杀虫剂的问世,使化学农药从无机化合物的低效阶段,进入到有机化合物的高效阶段。但有机氯杀虫剂性质稳定,残留时间长,对环境能造成危害,并能在人畜体内蓄积,故从20世纪70年代起,以滴滴涕为首的许多种类的有机氯杀虫剂已逐渐被禁止或限制使用。

20世纪40年代开始,有机磷杀虫剂的一些品种逐渐被开发应用,由于这类杀虫剂的杀虫效果好并且合成工艺简单,成本低廉,因此发展很快,产量迅速增加,目前其销量居各类杀虫剂的首位。20世纪50年代,氨基甲酸酯类高效杀虫剂逐渐发展起来。由于有机磷杀虫剂、氨基甲酸酯类杀虫剂具有击倒力强、杀虫效力高的特点,因而逐渐代替有机氯杀虫剂,被广泛应用于农林和卫生害虫的防治。20世纪70年代起,杀虫剂进入超高效拟除虫菊酯类杀虫剂的发展阶段。氯菊酯的成功合成,使我国的杀虫剂事业步入新的辉煌,在随后的30年里拟除虫菊酯工业迅速发展,现在我国已有50多种拟除虫菊酯原药登记生产,并且向提高质量和开发新类型药物发展。

现在我国生产或使用的杀虫剂主要有有机氯类杀虫剂、有机磷类杀虫剂、氨基甲酸酯类杀虫剂、拟除虫菊酯类杀虫剂、昆虫生长调节剂等。

一、有机氯类杀虫剂

有机氯类杀虫剂是20世纪50年代用于防治害虫的主要药物。此类杀虫剂的特点是杀虫谱广，残效期长，毒性较低。由于其化学性质稳定，难以分解破坏，长期大量使用，易污染作物、水产品和周围环境。有机氯类杀虫剂还会在人畜体内肝脏及脂肪中蓄积，引致慢性中毒或损害。因此，近年来有机氯类杀虫剂的应用范围日趋缩小，正逐步为高效、低残毒的有机磷、氨基甲酸酯和拟除虫菊酯类等杀虫剂所取代。

1. 滴滴涕(DDT)

(1) 杀虫性能。具有胃毒和触杀作用，无内吸传导作用。滴滴涕是非胆碱酯酶抑制剂，作用于中枢神经系统神经膜表面，使离子通透性改变，而影响轴突传导，引起兴奋、痉挛、麻痹而致使死亡。滴滴涕对中枢神经系统的作用可以诱导神经毒素的产生，这也是昆虫致死的原因之一。另外，滴滴涕还可抑制呼吸酶，从而致其死亡。该杀虫剂主要用于杀灭成蚊、虱、蚤、蜱、恙螨等医学昆虫，在农业上仅用于防治棉花和果树害虫。

(2) 常用剂型及使用方法。滴滴涕的常用剂型及使用方法见表4-1。

表 4-1 滴滴涕的常用剂型及使用方法

剂型	含量/%	使用方法	使用浓度/%	单位剂量	防治对象
粉剂	10	喷粉或纱布袋撒布	10	3~5g/人	内衣灭虱
				$2g/m^2$	室内灭蚤
				5~10g/畜	畜体灭蜱、螨
可湿性粉剂	25,50	滞留喷洒	2.5~5	$2g/m^2$	室内灭蚊,草地灭蜱、螨
乳剂	25	表面喷洒	2~5	$2g/m^2$	室内灭蚊、蝇及臭虫等
乳粉	40,50	表面喷洒	5	$2g/m^2$	室内灭蚊、蝇及臭虫等
油剂		喷雾	2	$2g/m^3$	室内灭蚊、蝇、蟑螂、臭虫等
烟雾剂		喷烟	20	$0.2\sim0.4g/m^3$	室内外速杀蚊、蝇、蚤及白蛉等

(3) 使用评价。滴滴涕是世界上第一种人工合成的有机杀虫剂。滴滴涕杀虫谱广,持效长,价格低廉,在卫生害虫防治上尤其在抗疟灭蚊中起到了积极作用。但滴滴涕作用较缓慢,长期使用易产生抗性,且由于性质稳定,在自然界有残留,造成对环境的污染,在人畜体内难以分解代谢,可长期储留在肝脏和脂肪中,并可随乳汁排出,蓄积可引起慢性中毒。1969 年美国癌症协会宣布发现滴滴涕可能致癌,1972 年美国联邦政府宣布禁止使用滴滴涕。此后,许多国家明令禁止使用滴滴涕等有机氯杀虫剂。我国于 1983 年 4 月 1 日停止生产滴滴涕,1988 年禁止使用滴滴涕,滴滴涕各种制剂均不予办理登记。但世界卫生组织(WHO)于 2006 年 9 月

15日宣布解除滴滴涕使用禁令，允许在疟疾高发病地区重新使用滴滴涕杀虫剂，主要用于室内滞留喷洒和蚊帐处理。

2. 林丹

林丹的常用剂型及使用方法见表4-2。

表4-2　林丹的常用剂型及使用方法

剂型	产品含量（丙体）/%	施药方法	使用浓度/%	使用剂量（丙体）	防治对象
可湿性粉剂	20,25,80	表面喷洒	1.0 0.3	$0.5g/m^2$ $0.9g/m^2$	室内灭蚊、蝇、臭虫孳生地灭蛆
乳油	10,20	喷雾	0.25	$0.2g/m^3$	室内灭蚊、蝇、臭虫
油剂		喷雾	5	$0.05g/m^3$	室内灭蚊、蝇、臭虫、蟑螂等
烟剂		烟熏	20~50	$0.05g/m^3$	室内灭蚊、蝇、臭虫、蟑螂等

3. 三氯杀虫酯

三氯杀虫酯的常用剂型有原粉（98%、95%）、25%母粉、20%乳油。室内喷雾灭蚊蝇时，所用三氯杀虫酯溶液的浓度为1%，按4mg（有效成分）/m^3喷雾，对三带喙库蚊的KT_{50}为28min。以2g（有效成分）/m^2作室内墙壁滞留喷洒，对成蚊持效可达25d以上。在水坑中，当含有效成分为1mg/L时，24h内可杀死全部蚊幼虫。将20%三氯杀虫酯溶液按5mL/m^2（含原药1g/m^2）在墙上作滞留喷洒，对家蝇的KT_{50}为20min，24h后死亡率达100%，其持效可达1个月以上。还可用20%乳油浸泡线绳挂于室内，家蝇在绳上停留后即死亡，从而达到灭蝇目的。25%母粉主要用于制造蚊香，灭蚊效果显著，击倒速度快，无复活现象。制作蚊香方法：取25%母粉10kg，加入制作蚊香用的混合木粉115kg，搅拌均匀，加入适量水后，充分拌匀制成蚊香，使含三氯杀虫酯的浓度为2%。其蚊香对淡色库蚊的 KT_{50} 为5.3min，24h后的死亡率为100%。

二、有机磷类杀虫剂

有机磷类杀虫剂自20世纪40年代开发以来，品种及数量迅速增加，在目前世界农药市场中销量居首位。其特点是：① 高效广谱。对害虫毒力较高，高于有机氯类杀虫剂，高于或等于氨基甲酸酯类杀虫剂，但低于拟除虫菊酯类杀虫剂。② 作用方式多样。有机磷类杀虫剂属于神经毒剂，且有抑制胆碱酯酶活性的作用，也称为胆碱酯酶抑制剂，不仅有胃毒作用，还有触杀作用。③ 正温度系数药剂。一般在温度较高时，表现较高的杀虫效力。④ 易分解。对环境污染小，在生物体内无蓄积作用，残留期短，残留量少，有利于保护环境。⑤ 抗性发展较慢。有机磷类杀虫剂应用已有60多年历史，但不同品种间的交互抗性尚不明显。

1. 敌敌畏

（1）化学名称：O,O－二甲基－O－(2,2-二氯乙烯基)磷酸酯。

（2）杀虫性能：对昆虫有熏蒸、触杀、胃毒三种作用，击倒力极强，杀虫效力比敌百虫大8倍。1998年测定敌百虫对家蝇的 LD_{50} 为16μg/蝇，敌敌畏为0.033μg/蝇。敌敌畏的熏杀作用极强，在室温20℃，用量0.05～0.1g(有效成分)/m^3

时,对家蝇全部击倒时间为 5 ~ 10min,对致倦库蚊为 5min。如用敌敌畏乳油 0.05 ~ 0.1mL/m^3,15min 后家蝇死亡率为 100%,最快于 1 ~ 2min 内即出现死亡。空气中敌敌畏浓度达0.8μg/L 时,30min 内即可杀死 98% 的家蝇;浓度为 0.015μg/L时,4h 可杀死全部按蚊成虫。蚊幼对敌敌畏较敏感,LC_{50}为0.054mg/L。在浓度为 0.2mg/L 时,24h 内杀死全部蚊幼,对蛹的杀灭浓度为 5 ~ 6mg/L。敌敌畏在水中易分解,残效短,一般不超过 3d。

① 灭臭虫:用 0.3% 敌敌畏煤油溶液或乳剂喷雾,用量 20mL/m^3(有效成分 60mg/m^3),喷雾后密闭 4h,可杀灭 90% 以上,二次处理后可达 100%。

② 灭蟑螂:用 0.5% 乳剂局部喷洒,按 20 ~ 30mL/m^2 剂量处理,蟑螂 10min 后开始中毒,10h 后绝大部分死亡。

③ 灭虱:将敌敌畏加热熏蒸,用量 1mL/m^3(原油),2h 内杀死全部衣虱;用 1% 敌敌畏水溶液喷洒染虱衣物,50min 内全部死亡。

(3) 常用剂型及使用方法:我国产品主要有敌敌畏原油、80% 和 50% 敌敌畏乳油。常用施药方法为喷洒、喷雾、熏蒸等。

2. 马拉硫磷

(1) 化学名称:O,O-二甲基-S-(1,2-二乙氧酰基乙基)二硫代磷酸酯。

(2) 杀虫性能:是一种广谱、低毒杀虫剂,对蚊、蝇、虱、臭虫、蜱、螨等皆有杀灭作用。主要是触杀和胃毒作用,也有微弱的熏蒸作用。有中等杀虫效力,对蚊、蝇的击倒速度不如敌敌畏和辛硫磷快,室内滞留喷洒有较长残效。其最大特点是对人畜低毒安全,对作物无药害,故适用于超低容量喷洒灭蚊和人体灭虱。

① 灭蚊:对淡色库蚊成虫的 LD_{50} 为 0.02μg/蚊。室内滞留喷洒,常用剂量为 $2g/m^2$,对淡色库蚊击倒速度较慢,多在 30min 以上,但残效可达 30～60d。用超低容量喷雾法向空中喷洒马拉硫磷原油,可于 5min 内全部击倒淡色库蚊。对淡色库蚊幼虫的 LC_{50} 为 0.09～0.1mg/L,对中华按蚊幼虫的 LC_{50} 为 0.07mg/L。现场灭蚊幼时用浓度 0.5～1.0mg/L,2h 内可杀死全部幼虫,并保持残效 4～7d。结合农业生产,用防治农业害虫的剂量可杀灭所有蚊幼。

② 灭蝇:对家蝇的触杀 LD_{50} 为 0.35μg/蝇;0.2% 乳剂用量 $500mL/m^2$,12h 可以杀灭全部蝇蛆。

③ 灭虱:效果较好。用 50% 乳油浸泡粉笔,于染虱的衣缝及褶皱处划痕涂抹,24h 内可杀灭全部体虱。残效较敌敌畏长。

④ 灭臭虫:效果不如倍硫磷和地亚农。0.3% 乳剂用量 $150mL/m^2$,一次杀灭率为 88.9%～100%。

⑤ 灭蜱螨:效果较好。用 50% 乳油超低容量喷雾野外灭蜱,按 0.4～0.75mL/m^2 剂量,24h 内森林硬蜱杀灭率达 100%,残效可维持 8～13d;用 0.2% 乳剂,用量 $40mL/m^2$(常量法),也可获得同样效果。

3. 倍硫磷

(1) 化学名称:O,O－二甲基－O－(3－甲基－4－甲硫基苯基)硫代磷酸酯。

(2) 杀虫性能：杀虫谱广，能杀灭蚊、蝇、臭虫、虱、蚤等昆虫。作用方式以触杀和胃毒为主，在作物上也有一定内吸杀虫作用。对昆虫击倒速度慢、残效期长。

① 灭蚊、蝇：对家蝇的 LD_{50} 为 3.3μg/蝇。以 1g/m^2 喷洒于墙面，对伊蚊、库蚊的有效期可达 3～4 个月；于防空洞内喷洒灭越冬蚊，可有 6 个月以上的残效；但对中华按蚊、三带喙库蚊的防治效果还不肯定。上述剂量用于灭家蝇，在喷药后 17d 内保持 96% 的杀灭效果。对淡色库蚊幼虫的 LC_{50} 为 2.4μg/L，比敌百虫强 5 倍，比狄氏剂强 50 倍，仅次于双硫磷。浓度为 0.2mg/L 时可有 10d 残效，1mg/L 时残效为 28d。现场(稻田)灭蚊幼，按 7.5～15g/667m^2 用药，可在 15d 内实现无蚊孳生。

② 灭臭虫：有特效。经各地试用证实，倍硫磷是目前防治臭虫的最好药物。用 2% 粉剂，按 30g/m^2(有效成分为 0.6g/m^2)撒布表面，臭虫接触 1min 后，于 40min 内全部死亡。

③ 灭虱：有良好效果。用 2% 粉剂，用量 8g/m^2，于 24h 内可全部杀死体虱；在相同剂量下，对虱卵的杀灭作用较慢，需 5d 才能全部杀死。现场灭虱，每人用 20～30g 粉剂，被褥每套用 30g 粉剂，应用一次，灭虱率为 73.8%～99.6%，隔 7d 重复一次，杀灭率可达 100%。

④ 灭蚤：有较好的杀灭效果。用 2% 粉剂撒布在炕面或地面上，每间屋一天内用 1～2g 可全部杀灭。

⑤ 灭蟑螂：效果较差，用量大、作用慢。在 0.05% 浓度

下对德国小蠊的 KT_{50} 为 90min。

4. 辛硫磷

(1) 化学名称: O,O-二乙基苯基乙醛酰腈肟硫代磷酸酯。

(2) 杀虫性能: 杀虫效力强,广谱,残效长,以触杀为主,也有胃毒作用,用于防治蚊、蝇、臭虫及大型家畜体外寄生虫等。

① 灭蝇:效果优于马拉硫磷、残杀威。击倒速度仅次于敌敌畏和胺菊酯,快于马拉硫磷、倍硫磷、滴滴涕。用滤纸药膜法触杀试验,在 0.01% 浓度下对家蝇的 KT_{50} 为 33min,第 40d 时的 KT_{50} 为 70min,而同浓度敌敌畏的 KT_{50} 为 21min。

② 灭蚊:以 0.4g/m^3 直接喷雾,对淡色库蚊成虫的 KT_{50} 为 154min。室内滞留喷洒,用量 2g/m^2,在 12 周内对按蚊的防治效果达 99%。对淡色库蚊幼虫的 LC_{50} 为 0.003 ~ 0.004mg/L;对中华按蚊幼虫的 LC_{50} 为 0.05mg/L,且在有效浓度下同时能灭蛹,这是本药独具的特点。辛硫磷室内滞留喷洒残效较长,一般可有 3 个月左右的残效;在室外阳光直接照射下或在水中残效较短。浓度为 0.3mg/L 时杀死全部淡色库蚊幼虫的残效期为 2 ~ 3d,0.5 ~ 1.0mg/L 时为5 ~ 7d。

③ 灭臭虫:效果较好。以 2g/m^2 的剂量喷洒表面,接触 5min,24h 臭虫被全部杀死,并有 3 ~ 4 个月残效。

5. 双硫磷

(1) 化学名称: O, O, O′, O′-四甲基 O,O′-硫联双-对-次苯基双硫代磷酸酯。

(2) 杀虫性能：是目前杀灭蚊幼的最好药物。其特点是：

① 在低浓度下即有效。据测试，对淡色库蚊幼虫的 LC_{50} 为 0.001～0.004mg/L，LC_{95} 为 0.007mg/L，是滴滴涕的1/100，六六六的1/300。

② 残效期长。在常用剂量 0.5～1.0mg/L 时，于室内可有 70d 残效，在稻田或水塘一般为 14～21d。残效期长短与用药浓度、日光照射、水流及水内微生物等因素有关。如用药浓度 2.0mg/L 时残效期为 28d，1.0mg/L 时为 21d，0.5mg/L时为 14～21d；在静水中为 30～45d，在流动水中则不超过 7d。

③ 选择性强。在常用剂量下除对蚊幼有毒外，对蜻蜓幼虫、青蛙、鱼类皆无毒，对水稻也无药害，有利于保护害虫的天敌。但双硫磷对蚊蛹杀灭作用较差，在常用杀幼虫浓度下对蛹无作用，加大用量为 2.0mg/L 时，24h 内仅杀灭 47%的蚊蛹。对成蚊杀灭效力差，用量 $2g/m^2$，在 24h 内不能将其全部杀死。双硫磷对体虱有一定的杀灭作用。2% 双硫磷乳剂杀灭对滴滴涕有抗性的体虱的效果优于马拉硫磷、林丹与增效的西维因。

6. **杀螟松**

(1) 化学名称：O，O－二甲基－O－(3－甲基－4－硝基苯基)硫代磷酸酯。

(2) 杀虫性能：为广谱性接触杀虫剂，也有一定的胃毒和内吸作用。对刺吸式、咀嚼式口器昆虫及蛀食性害虫均能杀灭。

① 灭蚊：对三带喙库蚊及淡色库蚊幼虫的 LC_{50} 分别为 0.013mg/L 及 0.031mg/L。现场灭蚊幼所用浓度 0.25mg/L 时可杀灭全部幼虫，并维持残效 7d；所用浓度 2.0mg/L 时 40min 内可将其全部杀灭，并可维持残效 20d。室内滞留喷洒灭成蚊，用量 $2g/m^2$，7d 内有 93% 药效，第 10d 仍有 67% 药效。世界卫生组织认为，40% 可湿性粉剂是室内滞留喷洒灭蚊的有效方法。

② 灭臭虫：用乳剂按 $2g/m^2$ 喷洒表面，接触 5min，24h 内全部死亡，并可保持 4 个月残效。

③ 灭革螨：乳剂用量 $0.2g/m^2$，有良好的杀灭效果。

7. 地亚农

(1) 化学名称：O，O－二乙基－O－(2－异丙基－4－甲基嘧啶基－6)硫代磷酸酯。

(2) 杀虫性能：为广谱性杀虫杀螨剂，有触杀、胃毒和熏蒸作用，但无内吸作用。在畜牧业中用于杀牛蝇、羊寄生螨类、大牲畜体外寄生虫等。对家蝇的 LD_{50} 为 0.091μg/蝇，毒力较马拉硫磷大 3 倍。用于灭蚊幼，在 0.5mg/L 浓度下，6h 可全部杀死，并可维持 2～3 周无蚊幼及蛹孳生。0.5% 乳剂用量为 $50 \sim 100mL/m^2$，对杀灭臭虫有良效，并有 4 个月残效。此外，用 0.5% 乳剂或 2% 粉剂灭蟑螂及 0.05% 乳剂畜体灭蜱均有良效。

8. 皮蝇磷

(1) 化学名称：O，O－二甲基－O－(2，4，5－三氯苯基)硫代磷酸酯。

(2) 杀虫性能：是一种选择性杀虫剂，对双翅目害虫有特效。经口服或皮肤涂抹有内吸杀虫作用。主要用于防治牛、羊、猪等家畜体外的寄生虫，如蝇、虱、蜱、螨等。

（3）常用剂型及使用方法：① 内服剂（Trolene）：家畜口服剂量为100mg（有效成分）/kg 或每头成牛服 5g（有效成分），用于治疗牛皮蝇、牛瘤蝇、纹皮蝇等；② 外用剂（Korlan）：有24%乳剂、25%可湿性粉剂，加水稀释成0.25%溶液喷涂皮肤，或用2.5%气雾剂及5%糊剂防治家畜体表寄生的蝇、虱、蜱、螨等；③ 0.1% ~2%乳剂或粉剂用于室内灭臭虫、蟑螂，也有良效。

9．毒死蜱

（1）化学名称：O,O－二乙基－O－3,5,6－三氯代－2－吡啶基硫代磷酸酯。

（2）杀虫性能：有广谱、高效杀虫作用，主要是触杀作用，也有微弱的内吸作用。常用于杀灭蚊幼，效果与双硫磷近似。将该药混入粘土中，以 7.5g/667m^2 的剂量撒布于水中，能杀死蚊幼，残效可保持数月。以颗粒剂撒布于污水型蚊虫孳生地，用量为 37.5g/667m^2，有速效，并可控制一个月内不孳生致倦库蚊。用喷雾法按 15g/667m^2 的剂量喷洒水面，灭蚊幼效果优于马拉硫磷。毒死蜱易被水生植物吸收，对鱼类有一定毒性（LC_{50}为 0.18mg/L）。

毒死蜱按2g/m^2的剂量喷洒于物体表面时，灭成蚊残效可延至 15 周。在室外按 15g/667m^2 喷洒草丛，能杀灭住区周围的成蚊。

对蟑螂的 LD_{50}为 0.67μg/虫。以 0.5%乳剂滞留喷洒，

用量 $1g/m^2$，喷后第一天灭效达95%，并在12周内保持残效96%～99%。

（3）常用剂型及使用方法：加工剂型有：可湿性粉剂、乳剂、颗粒剂、粉剂等。乳剂（$15g/667m^2$）、颗粒剂（$7.5g/667m^2$）用于灭蚊幼；可湿性粉剂或乳剂（$1g/m^2$）用于灭成蚊及蟑螂。

10. 甲基嘧啶磷

（1）化学名称：O,O－二甲基－O－（2－二乙胺基－6－甲基嘧啶－4－基）硫代磷酸酯。

（2）杀虫性能：为高效、广谱、低毒、残效长的有机磷杀虫剂，对蚊、蝇、蚤、虱、臭虫、蟑螂、蜱、螨、蚂蚁等害虫有良好的触杀和熏蒸作用，是目前较理想的卫生用杀虫剂。

① 灭蚊：对库蚊和按蚊成虫的 LC_{50}（滤纸药膜法）分别为 $1.6g/m^2$ 和 $1.1g/m^2$。室内滞留喷洒（$1g/m^2$）于14周内仍有70%灭效，对不停落于墙面的非家栖蚊种也有较长期（1～3个月）的熏杀作用。对幼虫的 LC_{50}，库蚊为0.009 8mg/L，按蚊为0.017mg/L。于稻田或水池内灭蚊幼，每公顷有效成分100～500g，残效在1周以上。

② 灭蝇：对家蝇的 LD_{50}（点滴法）为0.05～0.11μg/雌蝇，LC_{90}（喷雾法）为0.2%。在含甲基嘧啶磷1g（有效成分）/m^2 的胶合板上，杀死90%家蝇的有效期为20周。滞留喷洒用量为2g（有效成分）/m^2，地面超低容量及热气雾喷洒用量为100～200g（有效成分）/hm^2，飞机超低容量喷洒用量为200～500g（有效成分）/hm^2。2%压缩气雾剂可速杀室内蚊蝇。

③ 灭臭虫：臭虫对本药较敏感。在20mg(有效成分)/m^2的玻璃表面上或在200mg(有效成分)/hm^2 的墙面对温带臭虫有100%灭效。滞留喷洒用量500mg(有效成分)/hm^2 可在24周内保持100%灭效。

④ 灭蚤：蚤对本药甚为敏感。在50mg(有效成分)/m^2的表面上杀死100%印鼠客蚤的残效期为24周。

⑤ 灭虱：对人虱的成虫、若虫和虱卵均有良效。在0.06% ~0.12%的乳剂中浸泡1min即可杀灭100%的成虫及若虫；在1%乳剂中浸泡15min可杀灭100%虱卵；用1%乳剂浸泡过的衣服在31d内保持杀灭100%成虫的残效。

对蟑螂、蜱、螨、蚂蚁等也有良好灭效，用2%的乳剂或粉剂处理过的表面，既可速杀，又有数月残效。

11. 蝇毒磷

(1) 化学名称：O,O－二乙基－O－(3－氯－4－甲基香豆素－7)硫代磷酸酯。

(2) 杀虫性能：为非内吸性接触杀虫剂，杀虫范围很窄，对各类双翅目害虫特别有效，持效期较长，是防治家畜体外寄生虫的特效药。毒杀机制是抑制乙酰胆碱酯酶。它对鱼低毒，故能用以防治蚊幼。

(3) 常用剂型及使用方法：常用剂型有15%和18%乳油，20%、25%、30%和50%可湿性粉剂，1%和5%粉剂，4%泼浇剂，3%泡沫喷射剂。商品Muscatox为用于防治畜舍蚊蝇的30%可湿性粉剂。商品Asuntol为用于防治牲畜体外寄生虫的30%可湿性粉剂。蝇毒磷是第一种被允许用于家畜体上防治旋丽蝇的磷酸酯杀虫剂，也是第一种对蝇(牛皮蝇和纹皮蝇）幼虫有显著内吸效果，作用于皮下的杀虫剂。蝇毒磷被证明对防治牛体上的皮肤蝇、牛皮蝇、扁虱、头虱以及其他多种蝇类有效。防治时用0.5%～0.7%蝇毒磷药液喷洒受害牛或浸渍牛体。蝇毒磷也对防治羊的体外寄生虫如丝光绿蝇、羊皮蝇、疥癣、扁虱等有效，防治不同羊寄生虫使用的蝇毒磷药液最低容许浓度如表4-3所示。羊体经过药浴后，药效可保持14周。

表4-3　蝇毒磷防治不同羊寄生虫使用最低容许浓度

防治对象	最低容许浓度/(mg/L)	防治对象	最低容许浓度/%
丝光绿蝇	1.5	扇头蜱	0.01～0.022 5
绵羊畜虱	2	卡延花蜱	0.045
羊蜱蝇	1.5	羊疥癣	0.05

12．蝇硫磷

（1）化学名称：O,O－二乙基－S－（乙氧基甲基）－二硫代磷酸酯。

（2）杀虫性能：对蝇类具有强烈的选择性。蝇硫磷在家蝇体内，其毒性非但不能被迅速消除，反而会加强（活化）。其用于防治家蝇，用量极小，药效显著，而对美洲大蠊则几乎无效。蝇硫磷进入温血动物体内后，特别在肝脏内，能很快被分解而排出，非常安全，故曾有人建议用它作为专用杀蝇剂。

13．除害磷

（1）化学名称：O,O－二甲基－S－（5－乙氧基－2,3－二氢－2－氧代－1,3,4－噻二唑－3－基甲基）二硫代磷酸酯。

（2）杀虫性能：为具触杀和胃毒作用的广谱性杀虫剂，无内吸活性，主要用于防治卫生昆虫和贮藏害虫。据报道，本品和甲基毒虫畏对昆虫有同样大小的内在毒力，但本品的脂溶性低，其触杀力不及甲基毒虫畏，故速效性差，而持效性长。在蚊虫孳生地能抑制三带库蚊、环喙库蚊、淡色按蚊等幼虫的发生，与毒死蜱有同等效果。

（3）常用剂型：40%可湿性粉剂、40%乳油、5%颗粒剂。

三、氨基甲酸酯类杀虫剂

氨基甲酸酯类杀虫剂自20世纪50年代问世以来，在短短二十几年间就发展成为与有机磷、拟除虫菊酯类杀虫剂并驾齐驱的三大类农药之一，到20世纪90年代，在世界杀虫剂市场上销售额居第3位。氨基甲酸酯类杀虫剂的化学结构类型较多，该类杀虫剂的特点为：① 对害虫的毒理机制为抑制胆碱酯酶的活性，阻断正常神经传导，引起整个生理生化过程的失调，使害虫中毒死亡。氨基甲酸酯类杀虫剂与有机磷类杀虫剂的毒理机制相同，其不同之处在于有机磷类是在肝脏内代谢，其中磷氧化产物比原毒剂抑制胆碱酯酶活性的能力增加数倍及数十倍，其抑制程度与代谢产物量成正比；氨基甲酸酯类则是以化合物分子整体与胆碱酯酶结合，代谢后抑制作用降低，故毒力一般较有机磷类低。② 大多数氨基甲酸酯类杀虫剂品种速效性能好，击倒快，持效期短，并且对成虫的毒效高于幼虫。③ 毒性差异大，多数品种毒性低，其分子结构接近天然有机物，在自然界易被分解，残留量低，在动植物体内以及在土壤中，能很快地代谢为无害物质;少数品种毒性高。④ 增效作用多样,不同结构类型的氨基甲酸酯类杀虫剂的品种间混合使用,对抗药性昆虫有增效作用。

1. 噁虫威

(1) 化学名称:2,3-(异丙基亚乙基二氧)苯基-N-甲基氨基甲酸酯。

(2) 杀虫性能:主要有触杀、胃毒和内吸作用,主要用于防治蚊、蝇、蚤、臭虫、蜱、蟑螂、蜘蛛等。

(3) 常用剂型:气雾剂、粉剂、悬浮剂、颗粒剂、可湿性粉剂等。

2. 西维因

(1) 化学名称:N-甲基-O-(1-萘基)氨基甲酸酯。

(2) 杀虫性能:以触杀为主,兼有胃毒作用,对多种农业害虫和卫生害虫有杀灭作用。对蚊、蝇击倒较快,但有复苏现象。

(3) 常用剂型及使用方法:① 25%可湿性粉剂:稀释后按2g(有效成分)/m^2室内滞留喷洒灭蚊,持效期为2个月;② 0.5%粉剂:用于人体灭虱,野外灭蜱,用量2g(有效成分)/m^2;③ 60%烟剂:室内灭蚊,使用剂量1g/m^3。

3. 混灭威

(1) 化学名称:二甲苯基-N-甲基氨基甲酸酯。

(2) 杀虫性能:有触杀、熏蒸作用,在农业上是防治稻飞虱、黑尾叶蝉、稻蓟马的特效药,在卫生上主要用于室内滞留喷洒。

(3) 常用剂型及使用方法:① 50%乳油:加水稀释,按

$2g/m^2$室内滞留喷洒灭成蚊；② 3%粉剂：按2.25～$3g/m^2$用于防治稻飞虱等农业害虫。

4．速灭威

(1) 化学名称：O－(3－甲苯基)－N－甲基氨基甲酸酯。

(2) 常用剂型及使用方法：① 10%烟剂：按$0.03g/m^3$用于室内灭蚊、蝇；② 与胺菊酯制成的纸烟剂：按$0.01g/m^3$用于室内速杀灭蚊。

5．仲丁威

(1) 化学名称：O－(邻丁基苯基)－N－甲基氨基甲酸酯。

(2) 杀虫性能：具有触杀作用，并有一定的胃毒和熏蒸作用，对蚊、蝇具有良好的杀灭作用。灭蚊幼速度快，杀蛹能力强。

(3) 常用剂型及使用方法：我国使用的主要剂型有原油，25%、50%、80%乳油。① 使用浓度为1%～5%的乳液按1～$5mL/m^3$空间喷雾杀灭蚊、蝇、蟑螂；② 使用浓度为0.4%的乳剂按$50mL/m^2$滞留喷洒灭蚊。

6．双乙威

(1) 化学名称：3,5－二乙基苯基－N－甲基氨基甲酸酯。

(2) 杀虫性能：对双翅目昆虫有良好的杀灭作用，主要用于防治室内的蚊、蝇，对蚊幼的杀灭作用差。

(3) 常用剂型及使用方法：50%可湿性粉剂，加水稀释成4%水悬剂按$50mL/m^2$滞留喷洒灭蚊。

7．丁硫克白威

(1) 化学名称：2,3－二氢基－2,2－二甲基苯并呋喃－7

-基-(二丁基氨基硫代)甲基氨基甲酸酯。

(2) 杀虫性能：主要有触杀、胃毒和内吸作用，主要用于防治蚊、蚋幼虫。

(3) 常用剂型：3%乳油、3%颗粒剂、3%粉剂、3%可湿性粉剂、超低容量制剂、悬浮剂等。

8. 残杀威

(1) 化学名称：2-异丙氧苯基-N-甲基氨基甲酸酯。

(2) 杀虫性能：主要是触杀作用，也有胃毒和熏蒸作用。广谱，可杀灭蚊、蝇、蟑螂。

(3) 常用剂型及使用方法：常用剂型有50%可湿性粉剂、5%颗粒剂、20%乳油、气雾剂等。① 灭蚊蝇：$2g/m^2$滞留喷洒；② 灭蟑螂：将20%乳油稀释成1%局部喷洒；③ 灭蝇、蟑螂：1%残杀威毒饵撒布在其孳生和栖息场所。

9. 混杀威

(1) 化学名称：20% O-(3,4,5-三甲苯基)和80% O-(2,3,5-三甲苯基)-N-甲基氨基甲酸酯。

(2) 杀虫性能：具有触杀作用，无熏蒸作用。主要应用于卫生害虫。

(3) 常用剂型及使用方法：常用剂型有50%、70%可湿性粉剂。灭蚊、蝇可按$2g/m^2$剂量滞留喷洒。

四、拟除虫菊酯类杀虫剂

拟除虫菊酯类杀虫剂是模拟从除虫菊花中提取出来的天然除虫菊素的结构而合成的一类仿生农药。拟除虫菊酯类杀虫剂的特点：① 高效。拟除虫菊酯类杀虫剂的杀虫效力一般比常用杀虫剂高10~100倍，且速效性好，击倒力强。② 广谱。对农林、园艺、仓库、畜牧、卫生等多种害虫，包括刺吸式口器和咀嚼式口器的害虫都具有良好的防治效果。但多数品种对螨的毒力较差，目前已出现一些兼治螨的品种。③ 低毒。对人畜毒性一般比有机磷类和氨基甲酸酯类杀虫剂低，特别是因其用量少，所以使用更加安全。④ 低残留，对食品和环境污染轻。拟除虫菊酯是模拟天然除虫菊素的化学结构而人工合成的，在自然界易分解，使用后不污染环境，在动物体内易代谢，不产生蓄积作用，也不会通过生物浓缩富集，对生态系统影响小。⑤ 大多数品种没有内吸和熏蒸作用。⑥ 害虫易产生抗药性。拟除虫菊酯是一类比较容易使害虫产生抗药性的杀虫剂，且抗药性程度很高。

早期合成的拟除虫菊酯类杀虫剂如烯丙菊酯、苄呋菊酯、胺菊酯、炔呋菊酯等，虽然其杀虫作用很强，但对光不稳定，在自然条件下容易分解失效，只能用于室内害虫防治。自1972年以来，拟除虫菊酯的合成有了新的突破，在很短的时间内，先后合成了氯菊酯、氯氰菊酯、溴氰菊酯和杀灭菊酯等对光稳定并可用于室外害虫防治的拟除虫菊酯类品种，为拟除虫菊酯类杀虫剂的发展和应用开辟了新的广阔的前景。

1. 烯丙菊酯

(1) 化学名称：(±)-2-烯丙基-4-羟基-3-甲基-2-环戊烯-1-酮顺式、反式菊酸酯。

(2) 杀虫性能：具有熏蒸和触杀作用。加工成的蚊香、电热蚊香以及与其他杀虫剂复配成的喷射剂和气雾剂用于室内蚊、蝇以及其他卫生害虫的防治。

(3) 常用剂型：主要加工成蚊香和电热蚊香片，蚊香一般含烯丙菊酯0.1%～0.6%；电热蚊香片每片含烯丙菊酯约80mg。也可制成气雾剂，与其他杀虫剂、增效剂按比例混溶后装入气雾罐中。0.5%粉剂用于灭臭虫和虱子，也可用于防治粮食害虫。

2. 右旋烯丙菊酯

(1) 化学名称：右旋-顺，反式-2，2-二甲基-3-(2-甲基-1-丙烯基)环丙烷羧酸-(R，S)-2-甲基3-烯丙基-4-氧代-环戊-2-烯基酯。

(2) 杀虫性能：具有熏蒸和触杀作用。其特点与烯丙菊酯相同。

(3) 常用剂型：40%液剂用于电热蚊香，81%浓乳油为蚊香专用，也可制成液体蚊香液及油基或水基型气雾剂、喷射剂等。

3. 富右旋反式烯丙菊酯

(1) 化学名称：富-(1R)-反式菊酸-(R，S)-2-甲基-3-烯丙基-4-氧代-环戊-2-烯基酯。

(2) 杀虫性能：主要是触杀和熏蒸作用，其特点与烯丙菊酯相同。

(3) 常用剂型：主要加工成蚊香和各种复配制剂。蚊香中含量一般为0.1%～0.3%，电热蚊香片每片含量40mg，在喷雾剂中含0.3%即可取得较好的杀灭蚊、蝇效果。

4. 生物烯丙菊酯

(1) 化学名称：(1R)-反式菊酸-(R，S)-2-甲基-3-烯丙基-4-氧代-环戊-2-烯基酯。

(2) 杀虫性能：主要为触杀作用，杀虫效力优于烯丙菊酯，击倒力很强，对蚊虫、蟑螂等卫生害虫、储粮害虫以及一些作物害虫都有较好的杀灭效果。

(3) 常用剂型：常用在各式蚊香、气雾剂以及与其他杀虫剂复配成各种喷雾剂。其在蚊香中的含量一般为0.1%～0.3%。

5. Es-生物烯丙菊酯

(1) 化学名称：(1R)-反式菊酸-(R,S)-2-甲基-3-烯丙基-4-氧代-环戊-2-烯基酯。

(2) 杀虫性能：具有触杀和熏蒸作用，其击倒作用优于烯丙菊酯和胺菊酯。主要用于室内灭蚊、蝇等飞行害虫。

(3) 常用剂型：① 40%乳油，为加工蚊香及电热蚊香的原料；② 益必添-20，为电热蚊香滴加液；③ 煤油喷射剂，浓度0.05%；④ 水基喷射剂，浓度0.05%；⑤ 气雾剂，浓度0.1%～0.3%。

6. 苄呋菊酯

(1) 化学名称：5-苄基-3-呋喃甲基(±)-顺式、反式除虫菊酸酯。

(2) 杀虫性能：杀虫谱广，有较强的触杀作用，但对昆虫的击倒速度较慢。可用于防治蚊、蝇、蟑螂、虱、蚤、蚋等害虫。

(3) 常用剂型及使用方法：常用剂型主要有气雾剂、透明乳剂、超低容量喷雾制剂、可湿性粉剂。① 空间喷雾，使用浓度为0.15%；② 表面滞留喷洒，浓度为0.2%～0.5%；③ 羊毛制品的保护，使用浓度为0.005%～0.05%，可防治黑毛皮蠹和蛀谷蛾;④ 室外空间喷雾防治蚊、蝇,剂量为 2 ~4g/hm^2。

7. 胺菊酯

(1) 化学名称:3,4,5,6 -四氢苯邻二甲酰亚胺甲基(±)顺式、反式菊酸酯。

(2) 杀虫性能:对昆虫的击倒速度极快,但致死作用差,常有复苏现象,一般与致死作用强的杀虫剂复配或添加增效剂。用于防治家庭和畜舍内的蚊、蝇、蟑螂、蚤、虱等卫生害虫以及农业害虫。

(3) 常用剂型及使用方法:① 乳油:0.5% 胺菊酯与5%杀螟硫磷复配,用时加水稀释 100 倍,用于防治蚊、蝇幼虫,加水稀释 10 倍用于防治蝇和蟑螂;② 喷射剂:0.5% 胺菊酯与 1.0% 戊菊酯,对蚊、蝇用量是 0.2 ~0.3mL/m^3;③ 气雾剂:0.3% 胺菊酯与 0.2% 氯菊酯复配成煤油制剂;④ 酊剂:0.15% 胺菊酯与 0.35% 氯菊酯复配成酒精制剂;⑤ 纸烟剂:与速灭威复配制成纸烟剂。

8. 甲醚菊酯

(1) 化学名称:消旋顺反 3,2 -二甲基- 3 -异丁烯基环丙烷羧酸对甲氧甲基苄酯。

(2) 杀虫性能:对昆虫击倒速度快,毒力强,致死效果优于胺菊酯。主要用于卫生害虫的防治,对农业害虫也有较好的杀灭效果。

(3) 常用剂型及使用方法:常用剂型有原液、20% 乳油以及气雾剂、蚊香等。① 20% 乳油:主要用于加工成蚊香和电热蚊香;② 0.8% 复方甲醚菊酯煤油喷射剂:为甲醚菊酯与仲丁威的混合剂,可直接喷雾使用;③ 0.5% 复方甲醚菊酯乙醇制剂：为甲醚菊酯、仲丁威和氯菊酯的混合剂，并加有增效剂，可直接喷雾使用；④ 0.3% 复方甲醚菊酯水剂：为甲醚菊酯、氯菊酯和八氯二丙醚的混合剂，可直接喷雾使用。

9. 炔呋菊酯

（1）化学名称：（1R，S）-顺，反式-2，2-二甲基-3-（2-甲基-1-丙烯基）-环丙烷羧酸-5-（2-丙炔基）-2-呋喃甲基酯。

（2）杀虫性能：具有触杀和熏蒸作用。主要用于室内卫生害虫的防治，对飞行害虫有卓效。

（3）常用剂型：油剂、乳油、粉剂、蚊香、电热蚊香片以及气雾剂和喷射剂等。一般用于制作蚊香。

10. 炔戊菊酯

（1）化学名称：（1R，S）-顺，反式-2，2-二甲基-3-（2-甲基-1-丙烯基）环丙烷羧酸-1-乙炔基-2-甲基-戊-2-烯基酯。

（2）杀虫性能：对昆虫有快速击倒、熏杀和驱避作用，挥发性好，熏杀能力强，杀虫谱广，低毒，安全。主要用于家庭和禽舍防治蚊、蝇和谷蛾科害虫。

（3）常用剂型：可加工成蚊香、电热蚊香、液体蚊香、气雾剂、喷射剂、防霉防蛀剂、防虫涂料和防虫纸片等多种剂型。主要作为熏蒸剂，也可加工成驱避蟑螂的涂料。

11. 右旋烯炔菊酯

（1）化学名称：右旋-顺，反式-2，2-二甲基-3-（2-甲基-1-丙烯基）环丙烷羧酸-（±）-E-1-乙炔基-2-甲基-戊-2-烯基酯。

(2) 杀虫性能：在常温下具有很高的蒸气压以及对昆虫的高杀死活性和驱避作用。

(3) 常用剂型及使用方法：① 防蛀蛾带(每条含有效成分0.5g)：悬挂在密闭空间或衣柜内，可有效地防治袋谷蛾的卵和幼虫；② 加压喷射剂：在图书馆、标本室等室内环境中喷洒，可以保护书籍、文物等不受虫害；③ 0.4%的右旋烯炔菊酯：涂于物体表面防治蟑螂。

12. 右旋炔丙菊酯

(1) 化学名称：右旋-顺，反式-2，2-二甲基-3-(2-甲基-1-丙烯基)环丙烷羧酸-(S)-2-甲基-3-(2-炔丙基)-4-氧代-环戊-2-烯基酯。

(2) 杀虫性能：有较强的击倒和致死作用。主要用于室内卫生害虫的防治。

(3) 常用剂型：主要加工成蚊香、电热蚊香、液体蚊香、气雾剂和喷射剂等。蚊香中含量为0.1%，电热蚊香中每片含10mg，液体蚊香中含量为0.66%，在气雾剂中的含量为0.25%。

13. 右旋苯醚菊酯

(1) 化学名称：右旋-顺，反式-2，2-二甲基-3-(2-甲基-1-丙烯基)-环丙烷羧酸-3-苯氧基苄基酯。

(2) 杀虫性能：对昆虫具有触杀和胃毒作用。主要用于家庭和仓储害虫防治。

(3) 常用剂型及使用方法：主要产品有10%水基乳剂和气雾剂等。① 灭蚊：5～10g/hm^2 空间喷雾；② 灭蝇：滞留喷洒，用量2.5g/m^2；③ 灭虱子、臭虫以及动物体外寄生虫：

0.4%粉剂或含0.4%右旋苯醚菊酯的肥皂、洗净剂。

14. 右旋苯氰菊酯

(1) 化学名称：右旋-顺,反式-2,2-二甲基-3-(2-甲基-1-丙烯基)环丙烷羧酸-(±)α-氰基-3-苯氧基苄基酯。

(2) 杀虫性能：具有较强的触杀和残效性,击倒活性中等。主要用于防治卫生害虫,对蟑螂的防治特别有效。

(3) 常用剂型：喷射剂、熏烟剂、气雾剂等。

15. 氯菊酯

(1) 化学名称：3-苯氧基苄基2,2-二甲基-3-(2,2-二氯乙烯基)-1-环丙烷羧酸酯。

(2) 杀虫性能：是一种高效广谱杀虫剂,对蚊、蝇、蟑螂及多种农业害虫均有极好的杀灭作用。因为无刺激性,应用十分广泛。

(3) 常用剂型及使用方法：常用剂型有原药、10%乳油、10%可湿性粉剂以及与其他杀虫剂复配的各种含量的喷射剂、气雾剂等。① 灭蚊：可按 $0.5g/m^2$ 滞留喷洒、$5g/hm^2$ 空间喷雾和 $10g/hm^2$ 热雾杀灭成虫,$5\sim10g/hm^2$ 灭蚊幼虫,另外还可用于处理蚊帐,使用剂量 $0.5g/m^2$；② 灭蝇：按 $0.0625g/m^2$ 滞留喷洒,$5\sim10g/hm^2$ 空间喷雾,与S-生物烯丙菊酯和增效醚混合作超低容量喷雾或热烟雾喷雾；③ 灭蟑螂：使用0.25%喷雾剂,或0.5%粉剂,或0.25%～0.5%气雾剂；④ 灭虱：使用0.5%的粉剂或1%的液剂。

16. 氯氰菊酯

(1) 化学名称：(1R,S)-顺,反式-2,2-二甲基-3-(2,

2-二氯乙烯基)环丙烷羧酸-(±)-α-氰基-(3-苯氧基)-苄酯。

(2) 杀虫性能：具有触杀和胃毒作用，杀虫谱广，作用迅速，对有些昆虫还有拒食作用。主要用于防治农业害虫，在卫生害虫防治上也有使用。

(3) 常用剂型及使用方法：常用剂型有5%、10%、20%乳油，12.5%、20%可湿性粉剂，1%和1.5%超低容量制剂。① 灭蚊：0.5g/m^2滞留喷洒，或1~3g/hm^2空间喷雾，或1%超低容量喷雾；② 灭蝇：0.025~0.1g/m^2滞留喷洒，或2~5g/hm^2空间喷雾，或1%超低容量喷雾；③ 灭蟑螂：0.05%~0.2%喷雾。

17. 顺式氯氰菊酯

(1) 化学名称：(1R)-顺式-2,2-二甲基-3-(2,2-二氯乙烯基)环丙烷羧酸-(S)-α-氰基-3-苯氧基苄基/(1S)-顺式-2,2-二甲基-3-(2,2-二氯乙烯基)环丙烷羧酸-(R)-α-氰基-3-苯氧基苄酯(1∶1的混合物)。

(2) 杀虫性能：对昆虫具有很高的胃毒和触杀作用，击倒迅速，具有杀卵活性。

(3) 常用剂型及使用方法：主要剂型有5%、10%乳油，5%可湿性粉剂，5%悬浮剂等。① 灭蚊：0.02~0.03g/m^2滞留喷洒，0.02~0.04g/m^2处理蚊帐；② 灭蝇：0.015~0.03 g/m^2滞留喷洒；③ 灭蟑螂和臭虫：0.01~0.03g/m^2滞留喷洒。

18. 高效氯氰菊酯

(1) 化学名称：2,2-二甲基-3-(2,2-二氯乙烯基)环丙烷羧酸-α-氰基-(3-苯氧基)-苄酯。

(2) 杀虫性能：与顺式氯氰菊酯的作用相同，但对卫生害虫的毒力大于顺式氯氰菊酯。

(3) 常用剂型及使用方法：常用剂型有4.5%乳油、5%可湿性粉剂、5%胶悬剂和气雾剂等。① 灭蚊、蝇：0.015～0.03g(有效成分)/m^2滞留喷洒；② 灭蟑螂：0.01～0.03g(有效成分)/m^2滞留喷洒；③ 灭臭虫、蚂蚁、跳蚤：0.02～0.03g(有效成分)/m^2滞留喷洒。

19. 溴氰菊酯

(1) 化学名称：(S)-α-氰基-3-苯氯基苄基-(1R,3R)-3-(2,2-二溴乙烯基)-2,2-二甲基环丙烷羧酸酯。

(2) 杀虫性能：具有很强的触杀和胃毒作用，持效长，杀虫谱广。广泛地应用于农林、仓储、卫生和畜牧害虫的防治。

(3) 常用剂型及使用方法：主要剂型有2.5%可湿性粉剂、2.5%悬浮剂等。① 灭蚊：世界卫生组织(WHO)推荐按0.01～0.025g/m^2滞留喷洒、按0.5～1.0g/hm^2空间喷雾、按15～25mg/m^2处理蚊帐防治成蚊，灭蚊幼使用剂量为2.5～10g/hm^2；② 灭蝇：0.007 5～0.015g/m^2滞留喷洒，空间喷雾使用剂量为0.5～1.0g/hm^2；③ 灭蟑螂：0.03%～0.05%喷雾剂，0.05%粉剂喷洒或0.01%～0.025%气雾剂；④ 灭蚤：0.002 5%喷雾剂或外用洗液；⑤ 灭臭虫：0.025g/m^2滞留喷洒；⑥ 灭虱：0.03%液剂或外用洗液；⑦ 灭螨：0.025%滞留喷洒。

20. 高效氯氟氰菊酯

(1) 化学名称：α-氰基-3-苯氧基苄基-3-(2-氯-3,

3,3-三氟-1-丙烯基)-2,2-二甲基丙烷羧酸酯。

（2）杀虫性能：具有极强的触杀、胃毒作用，并且作用快，持效长。对卫生害虫和多种农业害虫具有很好的杀灭作用，并且对螨也有较好的杀灭作用。

（3）常用剂型及使用方法：用于卫生害虫防治的制剂有10%可湿性粉剂和2.5%微胶囊悬浮剂。① 灭蚊：WHO推荐滞留喷洒用量为0.02～0.03g（有效成分）/m^2，热雾喷雾用量为1g（有效成分）/hm^2，蚊帐处理用量为0.01～0.02g（有效成分）/m^2；② 灭蝇：滞留喷洒0.01～0.03g（有效成分）/m^2，空间喷雾0.5～1g（有效成分）/hm^2以及与胺菊酯增效醚等复配进行超低容量喷雾或热雾喷雾防治成蝇。

21. 氰戊菊酯

（1）化学名称：(R,S)-2-(4-氯苯基)-3-甲基丁酸-(±)-α-氰基-3-苯氧基苄酯。

（2）杀虫性能：主要为触杀作用，也有胃毒和杀卵作用，在较高浓度下有忌避作用，无熏蒸和内吸作用。主要用于防治农业害虫，也可用于卫生害虫和仓储害虫的防治。

（3）常用剂型及使用方法：① 喷射剂：与胺菊酯等击倒型菊酯复配，用于室内蚊、蝇的防治；② 20%乳油：稀释100倍按50mL/m^2喷雾防治畜圈内的苍蝇，用0.5%药液防治牛体上的骚扰角蝇；③ 灭蟑笔：含量2%，持效10d左右，对德国小蠊和美洲大蠊有较好的杀灭效果。

22. 戊菊酯

（1）化学名称：(R,S)-2-(4-氯苯基)-3-甲基-丁酸-3-苯氧基苄酯。

(2) 杀虫性能：对害虫具有触杀和胃毒作用，无熏蒸和内吸作用。杀虫谱广，和其他拟除虫菊酯类杀虫剂相比杀虫活性低，使用剂量高，但对人畜毒性低，适于防治卫生害虫。

(3) 常用剂型：20%乳油、喷射剂和气雾剂。在喷射剂和气雾剂中多与其他杀虫剂复配。由于该药蒸气压低，不宜在蚊香中使用。

23. 高效氟氯氰菊酯

(1) 化学名称：2,2-二甲基-3-(2,2-二氯乙烯基)-环丙烷羧酸酯-α-氰基-3-苯氧基-4-氟苄酯。

(2) 杀虫性能：为高效、广谱杀虫剂。主要杀虫作用为触杀和胃毒，无内吸和熏蒸作用，杀虫迅速，持效期长。

(3) 常用剂型及使用方法：常用剂型有10%可湿性粉剂、5%水乳剂(杀飞克)和12.5%悬浮剂(拜虫杀)。防治蚊虫滞留喷洒剂量为0.02~0.05g/m^2，空间喷雾剂量为1~2g/hm^2，热雾喷雾剂量为2g/hm^2，处理蚊帐剂量为30~50mg/m^2。防治蝇类滞留喷洒剂量为0.03g/m^2。

24. 氯烯炔菊酯

(1) 化学名称：顺,反式-2,2-二甲基-3-(2,2-二氯乙烯基)环丙烷羧酸-1-乙炔基-2-甲基-戊-2-烯基酯。

(2) 杀虫性能：可用于熏蒸杀虫，并且稳定性好，无残留。

(3) 常用剂型：可加工成电热蚊香片、液体蚊香液、蚊香以及气雾剂、喷射剂等。加工成0.05%药丸，用药量0.2mg/m^3时，对危害织物的黑大毛皮蠹幼虫的熏杀效果很好。

25. 五氟苯菊酯

(1) 化学名称：1R-反式-3-(2,2-二氯乙烯基)-2,2-二甲基环丙烷羧酸-(2,3,4,5,6-五氟苯基)甲基酯。

(2) 杀虫性能：广谱，能有效地防治卫生害虫和储藏害虫，对双翅目昆虫有快速击倒作用，并具有较长的残留活性。

(3) 常用剂型：蚊香(0.02%和0.03%)、电热蚊香片(5mg和50mg)、油基型喷射剂(0.04%)、气雾剂(0.04%)、可湿性粉剂(5%)等。

26. 醚菊酯

(1) 化学名称：2-(4-乙氧苯基)-2-甲基丙基-3-苯氧基苄基醚。

(2) 杀虫性能：具有触杀和胃毒作用，高效，广谱，持效期长。对鳞翅目、鞘翅目、半翅目、直翅目等多种害虫有效。

(3) 常用剂型及使用方法：常用剂型为20%可湿性粉剂。蚊、蝇使用剂量为30～100mg(有效成分)/m^2；蟑螂及其他卫生害虫使用剂量为100mg(有效成分)/m^2。

27. 四溴菊酯

(1) 化学名称：(1R)-顺式-2,2-二甲基-[3-(1′RS)-(1′,2′,2′,2′-四溴乙基)]环丙烷羧酸-(S)-氰基-3-苯氧基苄基酯。

(2) 杀虫性能：持效期长，在对个别害虫的毒力活性上甚至高于溴氰菊酯。例如，在对美洲大蠊跗节接触的实验中，在0.2mg/m^2的低剂量下，本品比溴氰菊酯的药效高；对桃小食心虫初孵幼虫，本品浓度75mg/L的药效可维持20～35d。

(3) 常用剂型：乳油(36g/L 和 108g/L)、ULV 剂(5.5g/L 和 16.5g/L)。

28. 戊烯氯氰菊酯

(1) 化学名称：(1R,S)-顺,反式-2,2-二甲基-3-(2,2-二氯乙烯基)环丙烷羧酸-1-氰基-2-甲基-戊-2-烯基酯。

(2) 杀虫性能：对淡色库蚊幼虫的 LC_{50} 和 LC_{95} 分别为 0.001 68mg/L 和 0.015 73mg/L。加工蚊香用本品 0.3% 有效成分含量，KT_{50} 为 3.3min，药效与含 0.2% 右旋烯丙菊酯 1.5 同(右旋烯丙菊酯 1 份，相当于戊烯氯氰菊酯 1.5 份)，稳定性较好，但其击倒性不如右旋烯丙菊酯。

(3) 常用剂型：81% 乳油、3.3% 母粉。

29. 溴灭菊酯

(1) 化学名称：(R,S)-2-(4-氯苯基)-3-甲基丁酸-α-(R,S)-氰基-3-(4′-溴苯氧基)苄酯。

(2) 杀虫性能：作用特点和氰戊菊酯类似，除有较高的杀虫活性外，对红蜘蛛也有效。对鱼的毒性比氰戊菊酯稍低，对高等动物的安全性比氰戊菊酯更高。

(3) 常用剂型：20% 乳油、20% 可湿性粉剂。与四溴菊酯适用的防治范围一致。

30. 四氟苯菊酯

(1) 化学名称：(2,3,5,6)-四氟苄基(1R,3S)-3-(2,2-二氯乙烯基)-2,2-二甲基环丙烷羧酸酯。

(2) 杀虫性能：吸入和触杀型杀虫剂，也用作驱避剂。为速效杀虫剂，可防治蚊子、苍蝇、蟑螂和白粉虱。

(3) 常用剂型：10%乳油、10%可湿性粉剂、0.05%～0.13%蚊香。

31. 四氟甲醚菊酯

(1) 化学名称：2,3,5,6－四氟－4－(甲氧甲基)苄基(1RS,3RS;1RS,3SR)－2,2－二甲基－3－(2－甲基丙－1－烯基)环丙羧酸酯。

(2) 杀虫性能：对淡色库蚊幼虫的 LC_{50} 为 10.91μg/L；加工蚊香用本品 0.003% 有效成分含量，KT_{50} 为 2.3min，药效与含 0.2% 右旋烯丙菊酯同。

(3) 常用剂型：5%乳油、0.003%～0.14%蚊香。

32. 氟硅菊酯

(1) 化学名称：(4－乙氧基苯基)[3－(4－氟－3－苯氧基苯基)丙基](二甲基)硅烷。

(2) 杀虫性能：是一种含硅的新型有机杀虫剂，具胃毒和触杀作用，有活性高、化学性质稳定等特点。对白蚁表现出良好的驱避作用。

(3) 常用剂型：5%乳油。

五、其他化学杀虫剂

近年来，有机氟、吡啶、硫类等杀虫剂迅速发展，在卫生害虫防治上主要用于蚂蚁、蟑螂等爬行害虫的防治。其中，WHO推荐的用于卫生害虫防治的杀虫剂有氟虫胺、氟虫腈和氟蚁腙等多种，近年来在我国开发使用。

1. 氟虫胺

(1) 化学名称：N－乙基全氟辛烷－1－磺酰胺。

(2) 杀虫性能：有胃毒和触杀作用，对蟑螂各龄幼虫的口服毒力比触杀毒力高3～4倍，但有效成分过高对蟑螂有驱避作用，且药效迟缓。

(3) 常用剂型：① 8% 居宁丹(氟虫胺＋氰戊菊酯)，防治白蚁；② 1% 胶饵制剂，防治蟑螂和蚂蚁；③ 1% 颗粒剂，防治蚂蚁、白蚁和蟑螂。

2. 氟虫腈

(1) 化学名称：(R,S)-5-氨基-1-(2,6-二氯-4-三氟甲基苯基)-4-三氟甲基亚磺酰基吡唑-3-腈。

(2) 杀虫性能：具有触杀、胃毒和内吸作用，高效，广谱，能有效防治抗性害虫。主要用于防治农业害虫。

(3) 常用剂型：用于卫生害虫的制剂为0.05%毒饵。

3. 氟蚁腙

(1) 化学名称：5,5-二甲基全氢嘧啶-2-酮-4-三氟甲基-(4-三氟甲基苯乙烯基)肉桂叉腙。

(2) 杀虫性能：具有胃毒作用，无内吸作用，作用缓慢，无触杀活性。主要用于牧场、草地、草坪和非作物区防治火蚁，也可用于防治白蚁和蟑螂。

(3) 常用剂型：1.65%毒饵，用于蟑螂防治。

4. 氟磺酰胺

(1) 化学名称：N-正丁基全氟辛烷磺酰胺。

(2) 杀虫性能：具有胃毒和触杀作用。它是一种能量阻断剂，能抑制昆虫体内细胞中ATP酶合成的线粒体，使其不能合成能量。害虫食后，由于体内的能量不能合成，最后能量耗尽而死亡，越健康的害虫死亡越快。无气味，无驱避作用。使用低剂量配制毒饵,可以摧毁蟑螂和蚂蚁巢穴中的整个群体。

(3) 常用剂型:1.0% ~1.5 %毒饵和胶饵。

5. 杀虫环

(1) 化学名称: N,N -二甲基-1,2,3 -三硫杂己-5 -胺。

(2) 杀虫性能: 有胃毒、触杀、内吸作用,能向上传导。可用于防治水稻、玉米、甜菜、果树、蔬菜上的多种害虫,防治鳞翅目、鞘翅目和同翅目害虫效果好。

(3) 常用剂型:50%杀虫环可溶粉剂。

第三节　植物杀虫剂

植物杀虫剂是指一些有杀虫作用的植物及其制剂。它们的有效成分因种类而异。植物在长期与昆虫协同进化过程中,产生了防御昆虫取食的次生代谢物质,目前已知的约3万种。杀虫植物中的杀虫活性成分,按其化学结构可分为以下几大类:糖苷类(Glucosides),如皂荚素糖苷、巴豆糖苷;苯酚类和醌类(Phenols and Quinones),如棉子酚、核桃叶醌等;生物碱类(Alkaloids),如烟碱、雷公藤碱等;萜烯类(Terpenens),如川楝素、印楝素等;甾族类(Steroids),如百日青甾酮、牛膝甾酮等;香豆素类(Coumarins),如香柠檬烯等;木聚糖类(Lignans),如 β-细辛脑,异细辛脑等;多炔类(Polyacetylenes),如茵陈二炔等。植物杀虫剂的作用方式有拒食、忌避、引诱、不育、抑制生长发育，有些还有胃毒、熏蒸作用等。有效成分一般多为生物碱，如藜芦碱、雷公藤碱等。一种植物常同时含有多种生物碱，但起主要作用的仅是其中一两种。

植物杀虫剂的杀虫功效受多种因素影响，差异较大。如因植物生长成熟程度、药用部位及加工制作方法不同，其效果常有差异。此外，植物的产地、生长环境和采集季节与杀虫效果亦有密切关系。

植物杀虫剂的优点是就地取材，经济简便，一般对人畜毒性小，对植物无药害。其缺点是效力较低，用量较大，杀虫作用缓慢，残效时间短，制剂浓度不稳定，使用时不易标准化等。我国幅员辽阔，药源丰富，在广泛采用野生植物杀虫方面具有很大潜力。在战时药源不足情况下，或预防化学杀虫剂污染环境和昆虫对其产生抗性方面，植物杀虫剂就更具有重要意义。

杀虫植物的常用加工剂型有：

（1）浸剂：分冷浸及热浸两种。冷浸：将植株切碎置于有盖容器中，加水适量，在室温（30℃）下浸泡3d，每天振摇数次，然后用纱布过滤，将残渣用力压榨，使液体完全压出，所得滤液即可用于杀虫。热浸：取粗药粉放入有盖容器中，先加少量冷水使药粉湿润后，静置15min，再加入沸水，盖严，静置0.5h，过滤即得滤液。

（2）煎剂：将植物切碎后称重，按需要浓度加水煮沸15～20min，放置冷却后，取出过滤，加水补足到原液量。如5%浓度煎剂，滤液量应为植物重量的20倍。

（3）油剂：加工方法与冷浸法相同，只是溶剂用煤油代替水。

（4）粉剂：将杀虫植物切碎、晒干，再磨成粉状即成。为增强杀虫效力，可制成2种以上杀虫植物的复方粉剂。

各种杀虫植物的制剂，久置后效力降低，故以现用现配为好。在配制时应选用含有效成分最多的部位，制成适于使用的剂型。

常用杀虫植物及其制剂主要有如下几种：

一、除虫菊

（1）学名：*Chrysanthemum cinerariaefolium*。

（2）别名：白花除虫菊，瓜叶除虫菊，Insect-flower，Pyrethre，Pyrethrum。

（3）科别：菊科。

（4）形态：多年生草本植物。高约0.3～0.7m，全株灰白、淡绿色。主根圆锥形，侧根多数，细长呈须状，淡褐色。根出叶丛生，叶柄细长，叶片羽状细裂，质微厚，呈淡绿色。5、6月间茎高0.3～0.7m，分枝顶生头状花，周围有白色舌状花冠，中央为黄色的筒状花冠。7月间果实成熟。

（5）产地：江苏、浙江、江西、山东等省都有栽培。

（6）有效成分及性质：除虫菊的有效成分为除虫菊素（或除虫菊精）。目前已知的除虫菊素有4种：除虫菊素甲（Pyrethrin Ⅰ）、除虫菊素乙（Pyrethrin Ⅱ）、瓜叶除虫菊素甲（Cinerin Ⅰ）、瓜叶除虫菊素乙（Cinerin Ⅱ）。在这些有效成分中，除虫菊素甲和除虫菊素乙占主要部分，以瓜叶除虫菊素甲性质最稳定，药效也最好。通常所说的除虫菊素是指几种除虫菊素的混合体，其在花中含量一般为 0.8% ~1.5%。各种除虫菊素都是淡黄色粘稠液体，不溶于水而溶于石油醚、汽油、苯、丙酮、乙醇等有机溶剂，接触日光、高温、水分或碱性物质，均易分解失效。

(7) 杀虫作用及毒性：除虫菊素对昆虫有强大的触杀作用，害虫接触药剂后在几分钟内迅即麻痹、中毒死亡。但少数中毒轻者仍能复活。除虫菊素没有胃毒作用和熏蒸作用，但有一定驱避作用。除虫菊素对人体几乎无毒，使用极为安全，对植物也没有药害。大白鼠经口 LD_{50} 为 1 500mg/kg。

(8) 常用剂型及使用方法：① 除虫菊粉剂(含除虫菊素 0.5%)：用于灭虱、臭虫和跳蚤。② 0.1% 煤油溶液：将除虫菊粉按 1∶10 比例溶于煤油中，充分混匀，放置数小时，过滤除渣即得。用时直接喷雾，杀灭室内蚊、蝇、跳蚤及臭虫。③ 3% 乳油：向除虫菊的煤油溶液中加入适量煤酚皂液或液体洗涤剂，混匀即成。用前加水稀释成 0.03% 乳剂，用以防治室内蚊蝇。此外，尚可制成 0.1% ~0.3% 气雾剂、0.5% 的蚊香以及 0.05% 除虫菊素与 2% 芝麻素(增效剂)的混合煤油溶液，用于速杀蚊蝇。

(9) 注意事项：药用部分花最好，茎、叶次之。花以半开时的花朵效力最好，开过了的花效力差。采下来的花应及时晾干或低温下加热干燥(在 60℃ 以下)，使含水量达 6% ~12%。收储于密闭容器中，避免与日光、热、水分等接触，以免失效。

二、鱼　藤

（1）学名：*Derris trifoliata*。

（2）别名：雷藤、白药、毛鱼藤等。

（3）科别：豆科。

（4）形态：藤本植物。小叶 3 个，间有 5 个，椭圆形或卵状披针形。顶端渐尖，基部浅心形或圆形，革质两面无毛。开白色或浅红色花。荚果 9 月成熟，近于扁圆形。内有一种子，种子近于肾形。

（5）产地：原产于热带和亚热带，在我国广东、广西、浙江、福建、台湾、云南等省区有分布。原为野生，现已大面积栽培。

（6）有效成分及性质：有效成分为鱼藤酮（Rotenone），是三大传统的植物杀虫剂之一，主要来自鱼藤根中，一般鱼藤根含鱼藤酮在5%以上。纯品为白色结晶，无味无嗅，熔点为 163℃。鱼藤酮制剂外观为浅黄色至棕黄色液体。鱼藤酮不溶于水而溶于苯、丙酮、三氯乙烯、乙醚等有机溶剂。鱼藤酮或鱼藤酮溶液经长时间日光照射和接触空气，颜色逐渐变成黄至红色，氧化成无毒化合物。鱼藤酮在酸性物质中稳定，遇碱易分解，长时间在水中也会逐渐失效。

（7）杀虫作用及毒性：鱼藤酮对昆虫有触杀和胃毒作用。杀虫谱广，对多种卫生、农业害虫皆有效，但对不同昆虫的毒力差别较大。其对家蝇的毒力较除虫菊素大 6 倍。鱼藤酮对高等动物毒性很低，只及砷酸铅的 1/3，烟草碱的 1%，在一般使用浓度下对人畜无害，但对鱼有剧毒，故又称毒鱼藤。其残效期短,对环境无污染。

(8) 常用剂型及使用方法:① 鱼藤粉:含鱼藤酮4%～5%。使用时,鱼藤粉1kg加细土7kg,拌合均匀,撒布在水面和粪坑内灭蚊幼和蝇蛆,施用在蔬菜上防治各种蔬菜害虫。② 鱼藤乳油:含鱼藤酮4%或7.5%。使用时加水稀释800～1 200倍(鱼藤酮含量为0.002%)喷洒在水面、粪坑灭蚊幼和蝇蛆,或防治蔬菜害虫。③ 0.2%鱼藤煤油溶液:喷雾防治蚊、蝇等卫生害虫。

(9) 注意事项:① 鱼藤粉和其他鱼藤酮制剂要储存在干燥、阴凉的地方,避免与日光、空气接触。② 不可用热水浸泡鱼藤粉。配好的药液随即使用,不得久存。③ 鱼藤粉或其他鱼藤酮制剂不得与石灰等碱性药剂混合使用。

三、印 楝

(1) 学名:*Azadirachta indica*。

(2) 科别:楝科。

(3) 形态:常绿高大乔木。一般树高12～18m,分枝较早,主干短,树冠冠幅大,枝叶多而密集。皮硬,有裂纹,灰白至红褐色。叶为不对称针形,长20～40cm,羽状复叶,叶片无毛,暗绿色。花白色,腋生,圆锥花序,两性花。果实光滑,橄榄形,绿(未成熟)至黄色(成熟)。果实内有白色硬果仁1粒,内有种子1～3粒。

(4) 产地:原产印度和缅甸,现我国南方省区(广东、海南、云南等)已经引种成功,近年来印楝已经引种栽培于世界各地70多个国家。

（5）有效成分及性质：迄今，印楝中已发现了100多种化合物，至少有70种化合物具有生物活性，它们为二萜类、三萜类、戊三萜类和非萜类化合物。印楝素（Azadirachtin）是一类从印楝中分离出来活性最强的化合物，它属于四环三萜类。印楝素可以分为印楝素-A，印楝素-B，印楝素-C，印楝素-D，印楝素-E，印楝素-F，印楝素-G，印楝素-I，印楝素-J，印楝素-K共10种，印楝素-A就是通常所指的印楝素（Azadirachtin），含量比例约为这10种印楝素总含量的20%。印楝的果实、种子、种核、枝条、树叶、树皮及树液中都含有杀虫活性物质，但以种子中最多。印楝种子中印楝素的含量一般高达0.3%~0.4%，最高达0.66%。纯化的印楝素为白色无定形粉末，在光照下不稳定，易溶于甲醇、乙醇、丙酮等极性溶剂。

（6）杀虫作用及毒性：印楝素及其制剂的杀虫作用机制特殊，对不同昆虫的作用分别为：破坏或干扰卵、幼虫或蛹的生长发育，阻止若虫或幼虫的蜕皮，改变昆虫的交尾及性行为，对若虫、幼虫及成虫具有拒食作用，阻止成虫产卵及破坏卵巢发育，使成虫变为不育，胃毒及触杀作用，内吸毒杀作用。现研究认为印楝素主要是通过扰乱昆虫内分泌系统，影响促前胸腺素（PTTH）的合成和释放，减低前胸腺对PTTH的反应而使20-羟基蜕皮酮合成、分泌不足，致使昆虫变态、发育受阻。目前研究发现印楝素制剂对10目400余种农林、仓储和卫生害虫表现不同的生物活性。印楝素对脊椎动物几乎没有毒性。

（7）常用剂型及使用方法：现已商品化的含印楝素的制

剂有多种。1985年以印楝素为主要成分的第一种商品药剂 Margosan-O 在美国获准登记，现已有许多印楝素制剂投入商业化生产，如印度产的 Neemmark，中国生产的0.3%印楝素乳油等。

四、川 楝

(1) 学名：*Melia toosendan*。

(2) 科别：楝科。

(3) 形态：落叶乔木。二至三回奇数羽状复叶。春季开花，花淡紫色。核果球形，长约3cm。以果实入药，叫“川楝子”，呈椭圆形，外表黄棕色，具深棕色小点，有凹陷，果皮革质，果肉厚，质松软，果核坚硬，内有种子6~8粒，味酸苦。

(4) 产地：四川、云南、贵州、甘肃、湖南、湖北等省。

(5) 有效成分：川楝的杀虫活性成分为川楝素（Toosendanin），主要存在于树皮和种子中。

(6) 杀虫作用及毒性：川楝素是一种具有拒食和胃毒作用的植物杀虫剂，对某些害虫具有驱避和抑制生长发育的作用。川楝素可破坏害虫的中肠组织，阻断中枢神经传导（阻断突触前神经-肌肉接头传递），破坏各种解毒酶系，干扰呼吸代谢作用，影响消化吸收，使害虫丧失对食物的味觉功能，表现出拒食，导致害虫生长发育受阻而逐渐死亡，或在蜕皮变态时形成畸形虫体，重则麻痹、昏迷致死。川楝素为低毒杀虫剂，对人畜安全，在环境中易分解，不会造成残毒和环境污染，对天敌昆虫也安全。

(7) 常用剂型：我国登记注册的川楝素制剂有0.5%楝

素杀虫乳油。

五、苦皮藤

（1）学名：*Celastrus angulata*。

（2）别名：南蛇藤，菜虫药。

（3）科别：卫矛科。

（4）形态：藤本植物。小枝有 4～6 角棱，皮孔密而明显。冬芽卵球形，长约 2～5mm。叶大，革质，宽卵形或近圆形，长 9～16cm，宽 6～15cm，顶端有短尾尖，边缘有圆钝齿；叶柄粗壮，长达 3.5cm。聚伞状圆锥花序顶生，花梗粗壮，有棱；花黄绿色，直径约 5mm。果序长达 20cm，果梗粗短，蒴果黄色，近球形，直径达 1.2cm。种子近椭圆形，长约 3～5mm，有红色假种皮。

（5）产地：河南、陕西、山东、江苏、安徽、湖北、四川、云南、贵州、江西、广东和广西等地。

（6）有效成分及性质：苦皮藤的有效成分为半萜类化合物，现已从苦皮藤中分离、鉴定了至少 18 种化合物，其中拒食成分 1 种（苦皮藤素Ⅰ），毒杀成分 6 种，麻醉成分 11 种（以苦皮藤素Ⅳ为代表）。苦皮藤的主要杀虫活性成分为苦皮藤素Ⅰ和苦皮藤素Ⅳ。苦皮藤素（Celangulin）纯品为白色无定形粉末，无挥发性，对光热较稳定，易溶于乙醇、丙酮、乙醚、三氯甲烷等有机溶剂。

（7）杀虫作用及毒性：苦皮藤素的杀虫活性主要为拒食、毒杀和麻痹作用，无触杀和熏蒸作用。苦皮藤素对人畜十分安全，对鸟类、水生动物、蜜蜂等均安全，对害虫的主要天敌亦安全。

(8) 常用剂型：我国目前登记注册产品有0.15%苦皮藤素微乳油。

六、烟 草

(1) 学名：*Nicotiana spp*。

(2) 科别：茄科。

(3) 形态：一年生草本植物。高1～2m，地上幼嫩部分均具粘性腺毛及柔毛，具强烈辛辣气。茎直立，下部木质化，上部分枝。叶互生，长卵形至长椭圆形，长30～40cm，宽15～20cm。圆锥花序顶生。

(4) 产地：广泛分布于全国各地。

(5) 有效成分及性质：烟草中的主要杀虫成分为烟碱，即尼古丁(Nicotine)。烟草的全株都含有烟碱，但以叶中含量最高，茎中含量最少，越成熟的烟叶，其烟碱含量越高。烟碱主要与柠檬酸、苹果酸等结合成盐而存在于成熟的烟草根茎及烟叶中。纯烟碱为无色或微黄色的油状液体，熔点80℃，沸点247℃，易挥发，能溶于水和乙醇、乙醚、苯等有机溶剂。烟碱性质不稳定，所以残效期短，而其盐类(如硫酸烟碱)则较稳定，残效期长。烟碱遇空气或紫外线被分解成氧化烟碱、烟酸和甲胺，并发出特殊的臭味。

(6) 杀虫作用及毒性：烟碱对害虫有明显的胃毒、触杀和熏杀作用，还有杀卵作用，对昆虫的生长发育具有抑制作用，无内吸作用。纯烟碱对人畜有中等毒性，对鱼、贝类毒性小，对作物毒害轻。

（7）常用剂型：2%水乳剂和10%烟碱乳油。

七、番茄枝

（1）学名：*Annona squamosa*。

（2）科别：番茄枝科。

（3）产地：原产南美洲，我国现有栽种。

（4）有效成分：1982年在番茄枝科植物中首次发现一类新型天然杀虫活性物质番茄内酯（Annonaceous Acetogenins），现已经从番茄枝科植物中分离出400多种。有人研究了44种番茄内酯化合物对埃及伊蚊幼虫的杀灭活性，发现具有3个羟基的邻双四氢呋喃环型的番茄内酯有极强的杀虫活性，如泡番茄枝辛（Bullatacin）和Rilobin对埃及伊蚊幼虫96h的LC_{50}分别为0.10μg/mL和0.67μg/mL，而对照鱼藤酮的LC_{50}为1.2μg/mL。Alali等（1998）研究发现，6种番茄枝内酯化合物都可使德国小蠊产生很高的死亡率，并且可延缓幼虫的生长发育。

（5）杀虫作用及毒性：番茄内酯的作用机理与鱼藤酮类似，通过对NADH－细胞色素C还原酶的专一抑制作用，抑制细胞的呼吸功能。番茄内酯对害虫有较强的胃毒和拒食作用，其活性要比鱼藤酮强得多。据研究证实，番茄内酯对人的毒性非常小，有着非常广阔的应用前景。

八、柠　檬

（1）学名：*Citrus limon*。

（2）科别：芸香科。

(3) 产地：印度东部喜马拉雅山麓及我国南部、缅甸等亚热带区域。

(4) 有效成分及性质：柠檬中的主要杀虫成分为(+)-柠檬烯。柠檬果皮挥发油含量为0.3%左右，(+)-柠檬烯[(+)-Limonene]则是其挥发油的主要成分，约占90%。(+)-柠檬烯纯品为无色或淡黄色油状液体，沸点176℃，易燃。

(5) 杀虫作用及毒性：研究证明，(+)-柠檬烯对许多卫生害虫有杀灭作用，如家蝇、蟑螂、蚊虫，特别是人、畜体外寄生虫如狗蚤、猫虱、褐耳蜱等。(+)-柠檬烯具有触杀、熏杀、驱避和拒食等生物活性。(+)-柠檬烯的作用方式类似于拟除虫菊酯类，主要影响周围神经系统的感觉神经，但不是乙酰胆碱酯酶的抑制剂。(+)-柠檬烯对人畜十分安全，大鼠急性经口 LD_{50} 为500mg/kg。

(6) 常用剂型：目前(+)-柠檬烯已经得到美国FDA登记批准为杀虫剂。市场上已经出现以(+)-柠檬烯为杀虫活性成分的宠物香波、喷洒剂和气雾罐。

九、百 部

(1) 学名：*Stemona japonica*。

(2) 别名：百部根、蔓生百部、多子母、婆妇草、野冬天、多葸婆。

(3) 科别：百部科。

(4) 形态：多年生草本植物。茎下部直立，上部细长呈蔓生状，叶常3、4片轮生，具长柄，卵状披针形，有平行脉。

夏日，于叶片的基部抽梗，开淡绿色的花。果实为蒴果。块根肉质，块状，纺锤形，几个或数十个簇生。

（5）产地：江苏、安徽、浙江、山东、四川、广东、福建、湖北、吉林、台湾等省。

（6）有效成分：主要有效成分是百部碱，根、叶中含量最多。

（7）杀虫作用及毒性：百部碱对昆虫有触杀、胃毒和熏蒸作用。1%水溶液，48h 可 100% 杀死库蚊幼虫。对人畜低毒。

（8）常用剂型及使用方法：① 10% 水溶液：百部根 1 斤切碎，加水 10 斤，浸泡一昼夜过滤。用滤液喷洒灭蛆和蚊幼或用于杀灭农业害虫。② 2% 酒精浸液：用于涂擦头部或阴部灭虱，也可用于杀灭家畜体外寄生虫。10% 百部酒精浸液表面喷洒灭臭虫，效果也很好。③ 毒饵：将百部根切细加水煮成浓液，再加糖煎成毒饵，放在盘上或涂在厚纸上，用以毒杀成蝇。④ 燃烧百部，熏杀成蚊。

十、藜　芦

（1）学名：*Veratrum nigrum*。

（2）别名：黑藜芦、山葱、葱苒、葱葵、丰芦、山棕榈、棕榈草、山稷。

（3）科别：百合科。

（4）形态：多年生草本植物。高 0.7 ~ 1.0m，地下有多数细长、带肉质、纤维状宿根。春天自宿根发生数叶，夏日抽出 2 ~ 3 茎。茎直立，圆柱形叶呈披针形而甚长，有平行脉。春季开花，为顶生圆锥花序，花小、紫黑色。果实为蒴果。

(5) 产地：河北、陕西、山西、安徽、浙江、辽宁、吉林、黑龙江等省。

(6) 有效成分及性质：藜芦的主要有效成分是藜芦碱($C_{27}H_{39}0_3N$)和少量类藜芦碱、秋水仙碱等，以根、茎含量最多，一般含量在1% ~2%。藜芦碱类均可溶于有机溶剂，其盐类可溶于水。

(7) 杀虫作用及毒性：藜芦碱对昆虫毒性很强，主要是胃毒和触杀作用，常用于杀灭蝇、虱、蚤、臭虫等。其浸出液喷洒后很快分解，不留残毒。本药对温血动物有一定毒性。

(8) 常用剂型及使用方法：① 取由藜芦根茎部分制成的藜芦粉1份，加消石灰粉5份，混匀，用于杀灭蝇蛆及蔬菜果树害虫。② 藜芦根茎2kg，捣烂后加水45kg，煮沸或冷浸24h，再加肥皂0.13kg，制成5%水浸液，用以喷洒灭蚊幼及蝇蛆。③ 将藜芦根茎捣烂，加温水浸30min(50℃)，再加水稀释20~100倍，拌以适量米汤或糖等，制成毒饵，用以毒杀苍蝇。

第四节　杀虫器材的性能及使用方法

一、概　述

1. 杀虫器材的作用

在有害生物防治过程中，杀虫器材是杀灭有害生物的重要工具，是害虫防治技术中的重要组成部分，在现代农业和卫生害虫的防治中与药剂共同发挥着重要作用。杀虫器材狭义上讲是指杀虫喷雾器械，广义上讲是指所有用于杀虫的各种器械和材料。杀虫器材绝大多数本身不具有杀虫作用，如各种类型的喷雾器械，必须借助于药剂。药剂和器械的关系犹如枪和弹一样，密不可分。不同剂型的药剂只有通过与之匹配的器材，才能充分发挥其药效作用。一旦药剂和器材二者之一失去其应有的性能，联合作用便不复存在。杀虫效果的好坏不仅取决于药剂和器材，还取决于使用方法，三者是实施化学防治的三大支柱，缺一不可，必须密切配合，互相补充，保持各自的优良性能。因此，研究三者之间的关系，是取得较好防治效果的重要条件。如果杀虫器材不能正常使用，不仅不能杀灭害虫，还会造成药物的浪费、环境的污染、害虫抗性的增加，尤其是在突发公共卫生事件时要求立即控制有害生物种群密度的紧急关头，不能控制疫情，将会造成严重的社会影响。所以必须要熟悉和掌握常用杀虫器材的性能和正确使用方法。

2. 杀虫器材的研究进展

近一百多年来，杀虫器材中使用最多的是各种类型的喷雾器。自 1900 年发明手推式气压喷筒（俗称滴滴涕喷筒）以来，国外已先后发展了多种结构、规格及型式的小型液体喷雾器，品种丰富，可以满足不同的需要，色彩美观别致，功能上也从单一向多功能、多用途发展，为美化生活、方便生活服务。新中国成立前，我国的喷雾器械极其落后，全国只有一家生产厂家，年产家用手推喷筒不到千只。至 20 世纪 70 年代初，除了家用手推喷筒以外，防治卫生害虫专用的喷雾机几乎没有，全部依靠农用喷雾器来实现。70 年代后期，我国加大了杀虫器械的研究投入，在一部分杀虫药械专家的带领下，科技攻关，通过几十年的研究，取得了辉煌业绩。杀虫喷雾器通过不断的改旧创新，增加品种，提高质量，以适应社会的发展，适应人类生活的需求，在生产和应用上已经初步形成了从小到大、从手动到电动、从地面到空中的一整套防治卫生害虫专用的各类喷洒机具，建立了一批具有先进技术和生产实力的专业喷雾机具厂。目前，家用型喷雾器已从陈旧的手推式滴滴涕喷筒发展为手扳式、手揿式喷雾器，年产量超过千万只，国内研制的静电喷雾机、手提式机动喷雾机、背负式机动喷雾机、超低容量喷雾机、热烟雾机及气溶胶发生器等已接近或达到国际先进水平。进入 21 世纪，我国又相继引入了国外一些先进的卫生杀虫器械，如美国卓品(CHAP-IN)系列喷雾器、美国丹拿(DYNA-FOG)系列超低容量喷雾机、德国顶级复旦系列喷雾机(如车载式超低容量喷雾机)等。所有这些，为实现我国卫生害虫防治器械的系列化、现代化、商品化和标准化，以及迅速赶上和超过发达国家先进水平创造了条件。

在大力研制和发展喷雾器的同时，我国科研人员还利用缓释原理，将杀虫药物和载体有机统一，使杀虫药物缓慢释放以达到长期杀虫目的，研制成功了创新型的杀虫器材，如长效杀虫窗纱、驱虫网等，并形成产业化发展，创造了较大的军事、社会和经济效益。

3. 杀虫器材的分类

杀虫器材大致可分为：喷雾器械类，包括各种类型喷雾器(机);电热蚊香器类,包括片剂和液体蚊香器;长效杀虫纱网类,包括杀虫窗纱、驱虫网等;杀虫灯类,包括灭蚊灯、灭蝇灯;粘虫纸类。前三类器材需借助药剂发挥杀虫作用,属化学防治;后两类可直接杀虫,属物理防治。

杀虫喷雾器械是最主要的杀虫器材。为了适应不同的药剂、施药环境及施药方式,杀虫喷雾器械有多种型式,可以从以下不同的角度进行分类:

(1) 从雾化原理上分。

① 离心雾化式。离心式雾化目前被公认为是获得均匀雾滴的较好方式。作用原理是当药液流到高速旋转的圆形齿转盘或转笼式雾化头上,到达齿尖或笼缘时,受高速旋转产生的离心力的作用将药液分散成极细小的雾滴,然后飘移沉积到目标物上。目前国内生产的有 3WCD-5 型、DPG-A 型、WS-1 型等喷雾器,容量中径为 50 μm 以下,适用于小容量喷雾。

② 高速气流雾化式。利用机器带动的离心式风机所产生的高速气流直接将药液吹散成细小的雾滴,然后由气流扩散并沉积到目标物上,称为弥雾。作用原理是由汽油机带动离心式风机旋转,产生的高速气流大部分进入喷管,小部分进入药箱,对药液产生一定压力,药液在压力作用下,经输液管流入喷嘴,从梅花形喷嘴的 8 个孔环形流出再进入高速气流中,受高速气流撞击吹散成细小的雾滴。目前国内生产的有东方红-18 型、风雷-Ⅱ型、泰山型等弥雾器,容量中径为 51 ~ 100μm,适用于常量或小容量喷雾。

③ 液力雾化式。液力雾化是近代喷雾器上应用最广泛

的一种雾化方式。基本原理是利用液力使药液在喷头内绕喷孔轴线或在分流器旋水槽内旋转，借药液在涡流中形成的离心力使药液雾化。当药液从喷嘴喷出后，喷头内体壁所给的向心力就消失了，此时药液雾滴在离心力的作用下沿直线向外飞散，一般先呈薄膜状，然后分裂成液丝，再断裂为大小不等的雾滴。这些液丝都与药液在喷头内原来的运动轨迹（圆锥面）相切，该圆锥面的轴线与喷孔轴线重合，因此喷出的雾呈雾锥体形状。药液薄膜有 3 种不同的破裂方式，即周缘破裂、穿孔破裂和波浪破裂，但破裂的程序都一样，先成液丝，而后再成雾滴。此种喷雾器适用于大面积快速杀灭卫生害虫或消毒作业。

④ 静电雾化式。静电雾化式喷雾器是利用静电力或电气动力学的方法来使喷液产生裂解雾化的，主要品种有各种电动喷雾机，适用于超低容量喷雾。

⑤ 热力雾化式。在热力雾化过程中，脉冲喷气发动机的燃烧室内充满了燃料与空气的可燃混合气，火花塞点火后使可燃气体燃烧产生高温气流，这种高温气流的势能和动能以及烧热的金属表面等，能使进入烟化喷管的液态油溶性烟剂急剧汽化，并与高温气流混合后一起喷射到空气中，由于温度差异而呈雾状。如 3Y-8 型手提喷烟机、3Y-5 型手提烟雾机等。

(2) 从携带方式上分。

从携带方式上分，喷雾器可分为：① 手持式或手提式；② 背负式及担架式；③ 车载式（装在自行车、汽车或拖拉机上）及飞机装载式。

（3）从雾化动力上分。

从雾化动力上分，喷雾器可分为：① 手动式（手压、手扳、手揿式）；② 机动式（汽油机直接、间接驱动）；③ 电动式（干电池或交流电）；④ 静电雾化式。

（4）从雾滴向目标的沉积方式上分。

从雾滴向目标的沉积方式上分，喷雾器可分为：① 直喷撞击式；② 飘移沉积式；③ 静电沉积式。

（5）从使用环境上分。

从使用环境上分，喷雾器可分为：① 室内使用或家用；② 室外环境处理用。

（6）从处理方式上分。

从处理方式上分，喷雾器可分为：① 空间速效喷射用；② 表面滞留喷洒用。

（7）从温度上分。

从温度上分，喷雾器可分为：① 冷雾式；② 热雾式。

4. 杀虫喷雾器械喷雾技术性能指标

喷雾技术是利用喷雾器的雾化作用，将药剂粉碎成大量细微雾滴并发射出去，使药剂接触害虫，达到杀虫目的的一种施药技术。喷雾技术追求的目标是用最小量的药剂杀死最大量的害虫。在大规模应用时，这一目标尤为突出。为了达到这一目标，人们设计制造了多种类型的施药器械，其工作效率的优劣与以下几点有关：① 能否喷出适当大小的药剂雾滴，使之对靶标害虫达到最大的毒杀效果；② 能否使喷出的药剂雾滴大小均匀，并在大范围内均匀地扩散分布。其核心是针对不同的防治对象和环境条件选择不同的喷洒设备，通过对喷雾雾滴的控制，最大限度地发挥杀虫剂的性能，并减少药剂的浪费和对环境的污染。因此，在实际工作中，应根据靶标害虫和环境特点，选择合适的喷雾技术。喷雾杀虫效果的好坏，主要与喷雾雾滴大小、数量和均匀度等因素有关。

(1) 杀虫粒谱。

① 粒谱。在一次喷雾中，雾粒大小范围以及各种大小雾粒占总数的百分数称为粒谱。一般取粒谱范围占总数的16% ~ 84% 或 25% ~ 75% 的雾粒直径，作为度量可信区间。

② 中值直径。所谓中值直径，就是指在一次喷雾中，所有雾粒按数量、长度、表面积、体积大小比较，平均分成相等两部分，所得的中值直径分别叫做数量、长度、表面积、容量(或体积)中值直径。

数量中径(NMD)和容量中径(VMD)的单位为 μm，是评价喷雾器具喷雾性能的主要依据。

(2) 雾滴大小及数量。

用同一种杀虫剂防治同一种害虫的效果，除了该杀虫剂的生物活性及其他因素外，喷雾雾滴起着很大作用。如果对雾滴控制不好，即使是很好的杀虫剂，也不能达到预期的效果。雾滴大小通常以容量中径(VMD)来表示，目前一般将雾滴类型按其尺寸分成5类(表4-4)。

表 4-4　雾滴类型按其尺寸的分类及使用范围

雾滴容量中径(VMD)/μm	雾滴类型	使用范围
<50	气雾滴	超低容量喷雾
50~100	弥雾滴	超低容量喷雾
101~200	细雾滴	低容量喷雾
201~400	中雾滴	高容量喷雾
>400	粗雾滴	常量喷雾

杀虫剂雾滴大小是影响杀虫效果的一种重要因素。不同大小的颗粒在空气中传播和撞击目标昆虫的能力是不同的,一个直径为 50 μm 颗粒的撞击力相当于一个 1 000 个直径为 5 μm 颗粒的撞击力。许多学者研究了雾滴大小与杀虫效果的关系,即杀死一害虫其药物颗粒究竟需多大才能有效。通过实验室风洞试验、控滴喷雾试验、荧光颗粒追踪等试验研究得到的结果为:大部分撞击到蚊虫的翅、喙上的颗粒直径为 11.5~17.0μm。现已证实下述几种杀虫剂雾粒的直径最适宜杀死一只蚊虫,如马拉硫磷为 25μm,二溴磷为 20μm,倍硫磷为 17.5μm。野外试验资料证明,在林区防治成蚊的容量中径为 5.17μm。一般认为杀灭飞翔昆虫(蚊、蝇)较适宜的雾粒为 10~30μm(表 4-5)。

表 4-5　防治各类害虫较适宜的雾粒大小范围

害虫对象	雾粒直径/μm
蚊、蝇等飞行昆虫	10~30
蚊幼虫	50~60

当然,雾滴数量也必须达到要求,以免有害生物接触的剂量不够,影响效果。另外,如果某种有害生物长期接触不

足以致死的杀虫剂剂量，则会诱导抗性产生，这在有害生物防治工作中应予以重视。

(3) 雾滴均匀度(或称扩散比DR)。

雾滴均匀度表示不同大小雾滴的数量中径(NMD)与容量中径(VMD)之比。公式如下：

$$DR=\frac{NMD}{VMD}$$

DR值越接近1，表明喷雾器喷出的雾滴尺寸越趋于一致，机具的雾化性能越好；DR值等于1，表明喷雾中的每一个雾滴实际上都一样大小，这在实际生活中是不可能的；DR值小于或远小于0.67，表明喷雾器所产生的雾滴大小很不均匀，雾滴在作物上的覆盖和穿透性能都很差。

雾滴均匀度也指雾滴覆盖的均匀程度。均匀覆盖指的是雾滴应该在一定空间或一定表面都有覆盖，而且覆盖范围应该较为均匀，这样才能使该范围内的有害生物都有接触杀虫剂而死亡的机会。使用杀虫剂喷雾方法防治有害生物，只有注重对喷雾雾滴的大小、数量和均匀度的综合控制，使这三个因素与防治对象、环境条件有机结合，才能提高防治效果，降低防治成本，减少环境污染。

5. 常用的喷雾技术

在卫生害虫防治作业中，常用的喷雾技术有常量喷雾、低容量喷雾、超低容量喷雾、热烟雾喷雾。

(1) 常量喷雾。常量喷雾的雾滴一般为粗雾、中雾和细雾。小型家用喷雾器和手动喷雾器属于此类，用于蚊、蝇等孳生地处理和表面滞留喷洒，也可作小型室内空间处理。

（2）低容量喷雾。低容量喷雾即弥雾喷雾。雾滴直径介于常量喷雾和超低容量喷雾之间。

（3）超低容量喷雾。超低容量喷雾的雾滴一般为气雾，主要用于空间处理防治飞行害虫，对环境要求较高，气温较高、风力大于 3 级时不宜选用，因为雾滴容易蒸发和飘移。

（4）热烟雾喷雾。热烟雾喷雾的雾滴属于气雾，通常采用油剂稀释，所以又称烟雾，其雾滴在空间不易蒸发，悬浮时间长，穿透性、附着性都较强，主要用于地下仓库等无人空间处理飞行害虫和下水道等处防治蟑螂等。室外空间处理时，如风力超过 3 级，或非逆温气象条件下，不宜选用热烟雾喷雾。

针对防治对象，应选择适宜的喷雾类型。例如，杀灭飞翔昆虫应使用气雾或弥雾；要使飘移雾滴减少到最低限度，应使用中雾或粗雾；若既要减少飘移又要有覆盖，应使用细雾。

二、小型家用喷雾器

20 世纪 80 年代前，我国小型家用喷雾器始终停留在滴滴涕喷筒上。从 1981 年至今，小型家用喷雾器的发展较快，品种多，功能新，其所用药剂也从卫生杀虫剂发展到消毒剂、空气清净剂及表面清洁剂等日化用品。小型家用喷雾器主要有以下几种：

1. 气雾罐

（1）结构：由喷雾装置、喷液、抛射剂（又称喷射剂）三部分组成（图 4-1）。喷雾装置由容器、吸管（导液管）及喷头组成。容器由金属或塑料制成。吸管一般用塑料软管。喷头是气雾罐的关键部位，由下压开关（又称制动器）及压力阀门组件构成。喷雾装置的作用是盛装喷液，并使喷液成气雾状喷洒至空间或目标上。喷液是气雾罐的核心，其成分随需要而定。抛射剂是一类在常温时蒸气压大于大气压的液化气体。抛射剂的作用是当它进入大气后，一部分液体急骤蒸发成气体，从而使喷液破裂为雾滴。抛射剂和溶剂在离开喷头后进一步蒸发，使雾滴进一步减少，达到气雾状态。抛射剂过去采用较多的是氟里昂，但是它对环境的影响较大，容易造成大气污染，破坏臭氧层，现主要采用丙丁烷、压缩二氧化碳等替代。

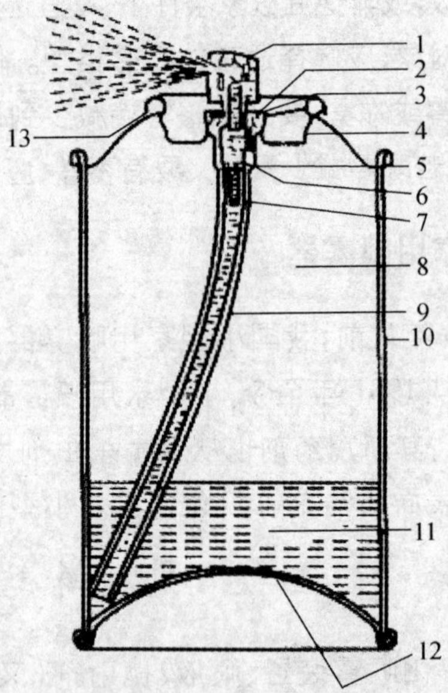

图 4-1　气雾罐结构

1. 喷嘴　2. 阀门塞　3. 垫圈　4. 镀锡铁皮盖　5. 阀体　6. 弹簧　7. 连接吸管套管　8. 气相　9. 吸管　10. 罐体　11. 液相　12. 镀锡铁皮底　13. 卷口

(2) 主要技术参数：盛液容积：200～750mL；雾滴直径：5～16 μm 占80%以上；喷出量：0.5～0.7mL/s。

(3) 特点：使用方便，一揿就可喷出气雾；雾滴细而均匀，在空中悬浮扩散性好。

(4) 操作使用方法：使用时拔下喷头外罩，用手指按下开关阀。根据杀虫对象使用不同喷射方向，杀灭飞虫时应将喷头对空喷雾，杀灭爬虫时应将喷头对栖息爬行场所按量均匀喷雾。

(5) 操作使用注意事项：① 压力容器的喷头不可离目标太近，否则会产生不均匀沉积；② 每次用后须将阀门及喷嘴擦干，保存在阴凉处，避免日晒和高温；③ 喷射时避开火源。

2. 手揿式喷雾器

(1) 塑料阀式。

① 型号：QJ-8，320L。

② 结构：喷雾器由药液瓶、喷头、液泵及罩四部分构成（图4-2）。药液瓶喷嘴和罩都由塑料一体成型。液泵由活塞、喷液进出阀、复往弹簧及泵体构成，它与药液瓶盖装成一体。进出阀由同一只弹簧控制，喷雾时交替一开一闭工作，不喷雾时反向顶住，密封防渗漏性能特别好。

③ 工作原理：当手第1次快速揿下喷嘴及活塞时，上端的喷液排出阀打开，泵体内空气排出，此时下端的进液阀靠泵内容积压缩时的冲力关闭。当手快速松开时，在复往弹簧的作用下，喷嘴和活塞向上运动，使上端的排出阀关住，泵体内的容积增大产生负压。此时药液瓶内的喷液在瓶内空气压力的作用下，通过输液管向上冲开泵体下端的进液阀进入

泵体内。当手第2次快速揿下喷嘴及活塞时，泵体内的液体受压产生一股压力，向下顶住进液阀，通过上端正在打开的排出阀进入喷嘴腔内，在喷嘴内壁上切向旋涡道内高速旋转，随产生的离心力通过喷嘴孔喷出细雾。如此每揿动一次，通过进出阀的反复交替工作就喷一次雾。

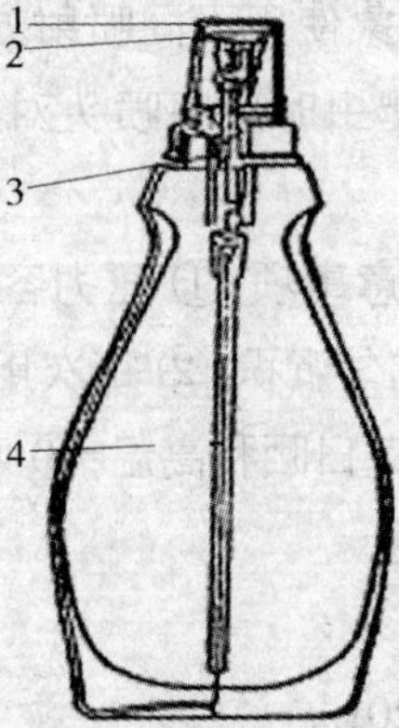

图4-2　塑料阀式手揿式喷雾器

1. 罩　2. 喷头　3. 液泵　4. 药液瓶

④ 主要技术参数：外形尺寸：240mm×80mm×40mm；药液瓶容量：320mL；结构重量：0.045kg；喷孔直径：0.25mm。喷嘴型式：切向离心式；平均喷雾量：0.4mL/次。

⑤ 特点：a. 除不锈钢弹簧以外，全部由塑料制成；b. 结构简单，用料少，成本低，操作方便。

⑥ 操作使用方法：a. 卸除罩，旋下喷头（连瓶帽），将喷液倒入药液瓶内后再旋上并旋紧，注意药液不要倒满；b. 用拇指及中指夹住瓶颈，以食指向下揿压就可喷雾；c. 当喷嘴孔被药液内的杂质或沉淀物阻塞时，可以从活塞上拔下喷嘴

用清水冲洗(不可用金属针穿透,以免损坏喷孔),冲洗后再将喷头紧压在活塞上端。

(2) 钢球(或玻璃球)阀式。

① 结构:喷雾器由喷头、液泵及盛液瓶三部分构成(图4-3)。喷头包括喷头座、喷嘴和螺旋涡流芯,喷头座用塑料制成,其余可用黄铜制成(也有用塑料的)。液泵包括泵体、活塞、复位弹簧及球阀四个零件。除弹簧、钢球等必须采用不锈钢外,其余都可由塑料制成。活塞与喷杆连在一起,靠喷杆带动在泵体内做上下运动。泵体伸入药液瓶内,一端制成有4个搭子,泵体与瓶底贴合时即形成间隙,使喷液可吸入泵内。

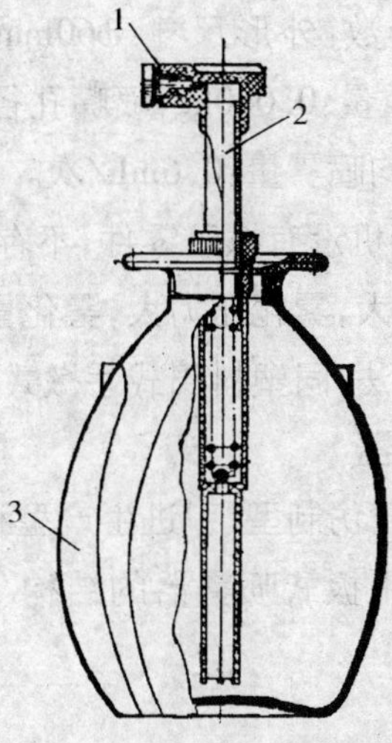

图4-3　钢球(或玻璃球)阀式手揿式喷雾器

1. 喷头　2. 液泵　3. 药液瓶

② 工作原理:当第1次揿动喷头向下运动时,泵体内的

空气受到压缩，向下压住球阀使阀门关闭，压缩空气只能向上通过喷嘴排出。当喷头向上运动复位时，泵体内的容积增大，里面的空气压力减小，一方面上部喷嘴孔外的空气压力大于泵内的气压，使出液阀顶住阀门，另一方面瓶内的空气将喷液通过泵吸管进入泵体内，补充泵内气压的不足，达到内外压力平衡。第2次揿下喷头时，泵内的部分空气及喷液再次受压，向下压住球阀关闭阀门，使空气向上通过喷嘴口排出。松开喷头向上运动时，排出部分的空气压力由吸入喷液来补充，达到内外压力平衡。这样经过数次揿动，当泵内的空气全部被喷液替代后，再揿动喷头时，就从喷嘴中喷出液雾来。

③ 主要技术参数：外形尺寸：ϕ60mm × 140mm；药液瓶容量：200mL；结构重量：0.040kg；喷嘴孔径：0.30mm；喷嘴型式：螺旋涡流式；平均喷雾量：0.6mL/次。

④ 特点：a. 全机没有橡胶零件，不存在溶胀卡住现象；b. 泵活塞揿动行程大，雾化压力大，雾化量大。

⑤ 操作使用方法：同塑料阀式手揿式喷雾器。

3. 手扳式喷雾器

手扳式喷雾器分仿制型、引进生产型和综合型三种。

（1）三种类型手扳式喷雾器的结构、工作原理、技术参数和特点见表4-6。

表 4-6　三种类型手扳式喷雾器比较

	仿制型	引进生产型	综合型
型号	PS-03、P-06A、PS-06B、美灵 81-04		DSP-05、WP-06、WPS-03、WPS-07
结构组成	喷枪及药液瓶	喷枪及药液瓶	喷枪及药液瓶
工作原理	活塞加压和液体涡流成雾	活塞加压和液体涡流成雾	活塞加压和液体涡流成雾
技术参数	外型尺寸：225mm × 110mm ×50mm	外型尺寸：240mm × 110mm ×42mm	外型尺寸：110mm ×32mm ×234mm
	药液瓶容量：250mL	药液瓶容量：380mL	药液瓶容量：220mL
	喷雾器净重：0.065kg	喷雾器净重：0.080kg	喷雾器净重：0.062kg
	喷孔直径：0.20mm	喷孔直径：0.40mm	喷孔直径：0.25mm
	喷嘴型式：切向离心式 一次平均喷雾量：0.3mL	喷嘴型式：切向离心式 一次平均喷雾量：0.8mL	喷嘴型式：切向离心式 一次平均喷雾量：0.4mL
特点	① 采用橡胶件密封，密封性能好；② 喷嘴孔径细，成雾细而均匀	① 除弹簧及球阀外，全部采用塑料制成；② 不用橡胶密封圈，使用中无溶胀卡死现象；③ 喷枪体与药液瓶连接采用卡口，装卸方便；④ 喷头用塑料与喷头螺母制成一体，结构简单	同仿制型

(2) 操作使用方法:① 装合及检查:将喷枪旋紧在药液瓶口上,在操作中不让喷枪与瓶体相对转动,检查扳机支承是否牢靠,扳动及复位是否灵活;② 试喷:在药液瓶内装入清水或药液,然后旋装上喷枪体,用手指连续扳动扳机,应在扳动12次中能喷出雾来,喷雾应均匀连续,在喷头处及活塞处不应有滴漏液现象,观察喷雾中是否有大液滴夹杂,确定喷嘴孔的优异状态;③ 喷药:在确认喷雾器能正常工作后,即可投入使用。

4. 充气式喷雾器

(1) 外充气式喷雾器。

① 型号:美灵81-05、美灵81-06。

② 结构:主要由罩、喷头、单向充气阀及盛液瓶组成(图4-4)。喷头包括喷嘴、旋水器及喷头体,靠紧密配合套在喷头座杆上。单向充气阀利用喷头座杆下端的小孔及弹性密封紧圈构成。充气时压缩空气将弹性紧圈吹张开,使空气进入盛液瓶内,不充气时靠弹簧将座杆向上顶紧,由弹

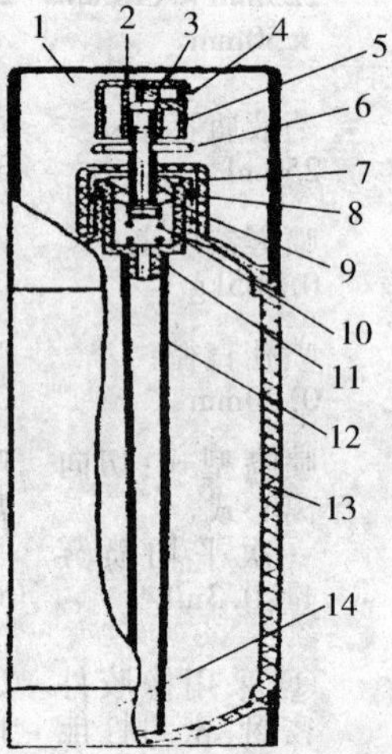

图4-4 外充气式喷雾器

1. 罩 2. 喷头体 3. 旋水器 4. 喷嘴 5. 喷头座杆 6. 定位片 7. 瓶帽 8. 密封圈 9. 塞 10. 弹簧 11. 贮液室 12. 输液管 13. 盛液瓶 14. 底

性紧圈堵住小孔来密封。盛液瓶是一个受压容器,由塑料注塑成型,瓶口、瓶帽旋合时靠密封圈密封。输液管套在贮液室下端,贮液室上端作为弹簧的支承,靠它上端的颈围由瓶帽压紧托在瓶口上固定。罩直接套在盛液瓶颈肩上。

③ 工作原理:盛液充气后,盛液瓶下部是喷液,上部是压缩空气,喷液受到压缩空气的压力。当将喷头往下按时,瓶中的喷液在上部压缩空气的压力下,只能通过输液管向上压送,进入贮藏室内。此时因为喷头座杆随喷头向下运动,使下端脱离弹性紧圈的密封,喷液就通过小孔进入座杆中心腔,而后经旋水器从喷嘴喷出成雾。因为充气后瓶内压缩空气的压力一般为 $2\times10^5\sim4\times10^5$ Pa,所以通过输液管的喷液流速较高,喷出的雾液也较细。这种喷雾仍属一般的液力雾化方式。

④ 主要技术参数:外形尺寸:ϕ44mm × 170mm 及 ϕ44mm × 210mm;盛液瓶容量:150mL 及 200mL;有效容量:120mL 及 160mL;整机净重:0.06kg 及 0.075kg;喷嘴孔径:0.25mm;工作压力:0.2 ~ 0.4mPa;喷出量:60mL/min。

⑤ 特点:a. 灌装喷射剂,一次充气后能将喷液喷完,然后再装液充气,可以反复使用;b. 喷雾时只要按下喷头,不需反复扳动或揿动,操作方便;c. 充气方便,用普通自行车打气筒或电动充气泵均可。

⑥ 操作使用方法:a. 检查:揿动喷头,检查是否灵活,松手后复位是否受阻;旋紧瓶帽后,卸下喷头,用自行车打气筒充气,打气 8 ~ 10 次后检查各连接处是否有漏气现象(可用耳听或放入清水中观察有无气泡);充气后再揿下喷头时,观

察喷嘴孔中有无气流喷出。b. 试喷：在确认喷雾器能正常工作后，揿下喷头，将气放掉，旋下瓶帽，向瓶内加入容量为药液瓶总容积2/3 的清水，然后旋紧瓶帽，卸下喷头进行充气。用自行车打气筒充气，约需打 8 ~ 10 次；若用电动气泵充气，则以压力表上指示达到 4×10^5 Pa 为止。充气完成后套上喷头，轻轻按下，观察雾化是否连续、均匀，有无大液滴夹杂或滴漏水现象。c. 喷药：经试喷检查，证实喷雾器能正常工作后，按试喷程序加药液后就可进行喷药。

（2）带充气装置的喷雾器。

① 型号：WCP 型巨峰 81-09、巨峰 81-10。

② 结构：由喷头、单向出液阀、打气装置及盛液桶等几部分组成（图 4-5）。喷头为螺旋涡流型，直接通单向出液阀出液端。出液阀进液端通小贮液室。贮液室下端接输液管，上端作为液阀弹簧支承。充气装置设在喷雾器底部，它包括手柄、塞杆、活塞、单向进气阀及气筒。活塞呈双联圆盘形，中间开着气槽，在双盘之间的颈上套有橡胶密封圈，当抽动塞杆时，它可在活塞颈上来回滑动控制气槽的开闭。

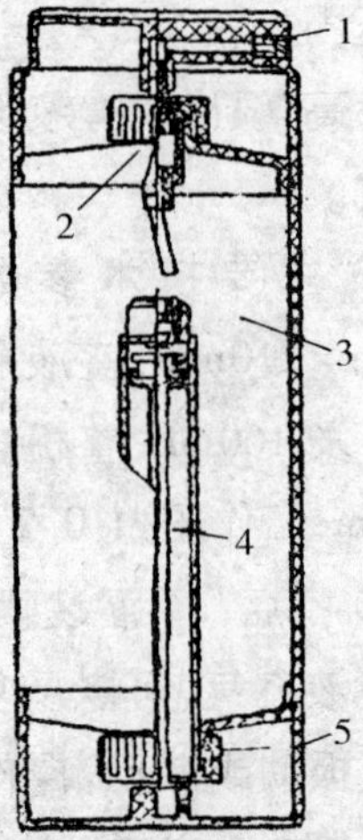

图 4-5　带充气装置的喷雾器

1. 喷头　2. 阀　3. 盛液桶　4. 充气装置　5. 充气手柄

单向进气阀设在气筒出气口，简单地由一弹性橡胶圈套住塞头上的小孔构成，这比玻璃球阀控制要好。气筒从下端装在盛液瓶内，也可与瓶制成一体。盛液桶比一般小型喷雾器的壁厚，能承受一定的压力。

③ 工作原理：充气原理：当向下抽出塞杆时，活塞颈上的橡胶圈滑向上端，使活塞上的气槽打开，在上下端气压差的作用下，活塞下端的空气通过气槽进入活塞上端。当活塞全部拉出时，活塞颈的橡胶圈滑向下端，关闭了活塞上的气槽，使活塞上端的受压空气不能通过活塞向下部流出，只能顶开单向进气阀的紧圈进入盛液桶内。每抽压一次，重复上述过程，使空气不断进入盛液桶内，达到所需喷雾工作压力为止。喷雾原理：与外充气式喷雾器相同。

④ 主要技术参数：喷雾工作压力：$(2\sim8)\times10^5$ Pa；容器总容量：320mL；有效容量：250mL；雾滴容积中径（VMD）≤50 μm；雾锥角≥30°；射程≥1m；充气筒塞杆行程：122mm；外形尺寸（D×H）：55mm×240mm。

⑤ 特点：与外充气式喷雾器相同，不同的是它自带一套打气装置进行充气，不需要用其他打气装置来充气。

⑥ 操作使用方法：a. 检查：揿动喷头，检查是否灵活，松手后复位是否受阻。用下部的充气装置向瓶内打气。打气20~30次后，检查各连接处是否有漏气现象。充气后再揿下喷头时，观察喷嘴孔中有无气流喷出。b. 试喷：在确认喷雾器能正常工作后，将气放掉。旋下密封盖连充气装置，向瓶内倒入容量为盛液桶总容积2/3的清水，然后旋紧密封盖。用充气装置向瓶内打气，一般约打30次。充好气后，轻

轻按下喷头，观察雾化是否连续、均匀，有无大液滴夹杂或滴漏水现象。c. 喷药：经试喷检查证实喷雾器能正常工作后，按试喷程序加药液后就可进行喷药。

三、手动喷雾器

手动喷雾器比小型家用喷雾器容积大，外壳材料有塑料、铁、不锈钢三种，可以用于小块农田、苗圃、花卉等低矮作物的病虫害防治及浇花，也可用于室内外喷洒卫生杀虫剂及仓储室和禽舍等的清毒。目前市售型号品种较多，主要有0.8型手持压缩式喷雾器、552丙型压缩式喷雾器、10型背负式喷雾器、16型背负式喷雾器等。

1. 0.8型手持压缩式喷雾器

(1) 型号：3WSS-0.8型。

(2) 结构：3WSS-0.8型喷雾器主要由药液桶、打气装置、喷射系统和开关组成。

① 药液桶：由盛液桶、盖及吸水管等组成。盛液桶承受一定的压力，对壁厚有一定的强度要求，采用强度较好的工程塑料制成，先制成上下两部分，然后胶接成一体。盖与握手柄制成一体，便于手持操作。吸水管一端为喷射系统，另一端装有过滤网，伸在盛液桶内，防止液体中杂质吸入而堵塞喷头。

② 打气装置：包括手柄、塞杆、皮碗、气筒管及气密圈等。塞杆上下端均制有螺纹。上端安装手柄，下端依次装有垫圈、皮碗、螺母等，供压气用，靠气筒管下端的气密圈控制，只能压出气，而液体不会进入气筒管，这样保证气筒管内皮

碗活塞的正常工作。

③ 喷射系统：由喷头、喷杆、阀等组成。喷头包括喷头帽、喷片、喷片座等，是雾化好坏的关键零件。喷片有三种，可以随时调用。喷杆的一端与喷头相连，另一端装有阀，由螺母固定在桶盖一侧，控制喷量。

④ 开关：开关为按揿式，便于控制喷雾量，直接装设在握手上方，便于操作。可以调节采用点喷射及连续喷雾两种方式。

(3) 工作原理：当打气筒把外界的空气压入盛液桶内后，桶内的气体被压缩而压力增加，达到 3 ~ 4 倍大气压。当按下开关时，在高气压作用下，迫使喷液进入吸水管，再通过桶盖上的斜孔进入喷射系统。当液体进入喷头旋涡室内时，产生高速旋转，在离心力及喷孔内外压力差的作用下，液剂经喷孔呈圆锥状雾喷出。

(4) 主要技术参数：外形尺寸：235.4mm × 126mm × 303.5mm；净重量：0.5kg；总容量：1.25L；有效容量：0.8L。

(5) 特点：① 体积小、重量轻，储气及储液量较少，充一次气（打 50 次）就可使全部有效容量液体喷完；②喷头孔直径有 0.7mm、1.0mm 及 1.3mm 三种，可以根据不同喷洒量要求调换，适用面较大。

(6) 操作使用方法：① 按照喷洒对象的要求，选择相应孔径的喷片装入喷头帽，安装时不要漏装或装反喷头片座。② 旋下桶盖，将配制好的液剂经过滤后倒入桶内，不要倒满，一次倒入量约为 0.8 ~ 1.0L，最多以不超过桶腰处胶接圈为宜。③ 装上桶盖并旋紧，注意不要漏装 O 型密封圈。

④ 握住手柄抽动塞杆打气，约打 10 次后，即可按下开关喷雾。若装液量正确，一次打气 50 次，可使整桶液剂喷完。在打气时，不要使塞杆歪斜。下压时要快而有力，使皮碗快速压到气筒管下端，这样压入空气量多。上抽时要缓慢，使外界的空气有足够的时间流满气筒管腔，保证一次能压入最多的空气，提高打气效果。

2. 552 丙型压缩式喷雾器

(1) 型号:552 丙型。

(2) 结构:主要由气筒、药液桶及喷射部件三部分构成。其结构见图 4-6。

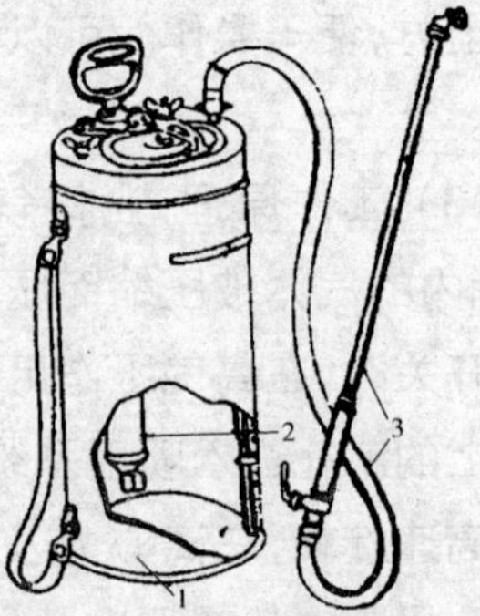

图 4-6　552 丙型压缩式喷雾器

1. 药液桶　2. 气筒　3. 喷射部件

(3) 工作原理:当塞杆向上抽起时，压出阀关闭，皮碗下方的空间体积逐渐增大，压力随之减小，外界的空气在压差作用下通过皮碗小孔进入皮碗下方空间形成平衡。当压下塞杆时，皮碗下方的空间体积减小，筒内气体压力随之增大，紧抵大垫圈压住皮碗小孔，使压缩空气只能向下顶开压出阀内的铜球阀，进入药液桶。这样不断抽压塞杆，使药液桶上方的空气压力逐渐加大，达到工作压力时，只要打开开关，药液就能从喷头呈雾状喷出。压力越大，喷出的雾滴越细。

(4) 主要技术参数:外形尺寸:ϕ190mm × 530mm;药液桶容量:7 L;整机净重:4.5kg;喷头型式:切向离心式，单头;

喷雾工作压力：(4～6)×10^5 Pa；喷孔直径：0.9mm、1.3mm、1.6mm。

(5) 特点：药液桶内贮气较少，喷雾工作压力较低，药液桶一次装灌后要打气2～3次才能喷完。

(6) 操作使用方法：① 装合机具：先按使用说明书的指示及规定的要求将各部分装合，安装时要注意各部分的正确位置，连接处垫圈的正确安放，以及连接的紧密牢靠性。喷片的孔径要根据喷洒的对象、时间及用药量事前选定并装在喷头上。② 试喷检查：检查气筒是否漏气，检查各连接处有无漏气、漏水，喷雾是否正常。然后在液桶内加入清水，抽拉塞杆打气至一定压力进行试喷。若正常，即可投入使用，否则查明原因予以修复调整。③ 加药液：将配制好的药液经过滤后倒入。加液量不宜过多，达水位线处即可，否则打入气少，喷雾不能持久。装药后，加盖并旋紧装实，防止歪斜产生漏气。④ 喷药操作：做完上述准备及检查后，即可投入喷药。

3. 10型背负式喷雾器

(1) 型号：长江-10型、年丰-10型。

(2) 结构：由液泵、气室、药液桶和喷射部件四大部分组成。

(3) 工作原理：当摇动摇杆时，由连杆带动塞杆及皮碗在唧筒内上下运动。当塞杆和皮碗向上运动时，唧筒内皮碗下方的容积增大，压力减小，使出水阀关闭，在药液桶内液上方气压的作用下，使药液经吸水滤网冲开进水球阀进入唧筒中。当塞杆和皮碗向下运动时，皮碗下方的容积减小，压力增大，迫使进水阀关闭，唧筒内的药液冲开出水球阀进入气室。摇杆带动塞杆和皮碗多次上下运动后，气室内的药液不断增加，气室中的空气被压缩而压力加大。这个压力就把气室内的药液通过出水接头压向出水管内，当打开连通开关时，药液就流入喷头体的涡流室，在高速旋转产生的离心力及喷孔内外压力差的作用下，药液与空气相撞击成细小雾滴，呈空心雾锥状喷出。

(4) 主要技术参数：尺寸：525mm×310mm×540mm；药液桶容量：10L；喷头型式：切向离心式，单头；喷雾工作压力：$(3\sim8)\times10^5$Pa；喷孔直径：0.9mm、1.3mm、1.6mm；在工作压力为$(3\sim4)\times10^5$Pa 时的喷雾量：0.9mm 喷孔为0.34～0.36L/min，1.3mm 喷孔为 0.58～0.63L/min，1.6mm 喷孔为 0.68～0.73L/min。

(5) 特点：它的主要零部件（如药液桶、储气筒等）采用塑料制成，因而重量轻，体积也较小，可连续操作喷药。

(6) 操作使用方法：同 552 丙型压缩式喷雾器。

4. 16 型背负式喷雾器

(1) 型号：工农-16 型、年丰-16 型。

(2) 结构：16 型背负式喷雾器与 10 型背负式喷雾器一样，也是由液泵、气室、药液桶和喷射部件四大部分组成。不同的是，10 型背负式喷雾器的药液桶为圆筒形，而 16 型背负式喷雾器的药液桶为扁圆形。

(3) 工作原理：与 10 型背负式喷雾器相同。

(4) 主要技术参数：外形尺寸：400mm×530mm×500mm；药液桶容量：16L；整机净重：5.5kg；喷头型式：切向

离心式，单头；喷孔直径：1.0mm、1.3mm、1.6mm；喷雾工作压力：$(3 \sim 8) \times 10^5$ Pa；液泵型式：皮碗式活塞泵；在工作压力为 $(3 \sim 4) \times 10^5$ Pa 时的喷雾量：1.0mm 喷孔为 0.44 ~ 0.50L/min，1.3mm 喷孔为 0.58 ~ 0.63L/min，1.6mm 喷孔为 0.68 ~ 0.73L/min。

（5）特点：与 10 型背负式喷雾器相同。

（6）操作使用方法：与 10 型背负式喷雾器相同。

四、电动喷雾机

电动喷雾机是靠交、直流电电机带动水泵高速旋转产生高压液流和气流，将药液分散雾化成极小的微粒，适用于空间大面积空气消毒及杀灭卫生害虫，特别是蚊、蝇等飞虫，常用的有以下几种：

1. 手提式电动齿轮泵唧式喷雾机

（1）型号：WSD-2 型、WSD-5 型、WSD-7 型。

（2）结构：主要由喷枪、电动齿轮泵唧装置及药液桶三大部分组成。喷枪包括喷头、喷杆及把手等。喷头螺母可以调节成喷雾状或喷水柱状。喷嘴采用不锈钢片，耐磨、耐腐蚀性好。喷杆采用铝合金表面处理，制成二级拆卸式，头部一段为成 30°的弯头，喷洒方便。电动齿轮泵唧装置包括 4 节一号干电池、永磁直流微型电动机、小型齿轮泵及开关，全部装在手提式控制盒（主体）内。控制盒由两片对合，用螺钉紧固。上端有握手把供手提用，下端制有螺纹，与药液桶口的螺纹相旋合，结合面上衬有橡胶密封圈防止渗漏。吸液管一端接在泵唧入口上，另一端装有过滤网，伸入药液桶内，以防止喷液内的杂质吸入而使喷头受堵影响正常工作。

(3) 工作原理:当合上开关接通电源后,微型电动机就启动工作,它通过小齿轮带着大齿轮旋转,此时与大齿轮同轴的齿轮泵就开始工作,源源不断地将桶内药液从吸入端吸入,经过增压后从输出端送入喷杆,再由喷头喷出。

(4) 主要技术参数:外形尺寸:31.5mm × 140mm × 220mm;药液桶容量:2 L;喷嘴孔直径:0.4mm、0.7mm、1.0mm及1.5mm;喷雾量:120 ~ 140mL/min;喷雾工作压力:(15 ~40) × 10^9 Pa;雾滴直径范围:60 ~200μm。

(5) 特点:① 采用4节一号干电池为电源,操作使用轻便;② 喷头不但可调节成使药液成雾状或直线状喷雾,而且备有四种孔径喷头,分别可作超低容量、低容量、常规及大容量喷洒;③ 喷杆制成可伸缩及拆卸式,使用、携带及储存方便;④ 工作效率高、噪音低。

(6) 操作使用方法:① 装合:先将电动齿轮泵唧装置主体与药液桶连接,然后将4节一号干电池按正负极装入控制盒内,再把喷杆部分旋紧。② 试喷:先用清水试喷,将揿动式单掷开关揿到底,听到有一弹跳声后松手,即可喷雾,喷雾时旋动喷头螺母,调节喷雾形状。若正常,即可投入使用。③ 喷药:在正式喷药前要根据喷洒对象及目标,将合适的喷头螺母接上,再按试喷方法喷药。

2. 电动离心式喷雾机(又名手持电动转盘式超低容量喷雾器)

(1) 型号:3WCD-5 型、西湖 80-1 型。

(2) 结构:由旋转式喷头、药液瓶、把手及电气装置四大部分组成。旋转式喷头由喷头体、流量器、转盘、防液套、喷头支架、进气管及护帽构成。除紧固螺钉采用金属表面镀锌外,全部采用工程塑料制成。其中最关键的是转盘,采用强度较好的聚甲醛制成。在它的周缘制有数百个半锥状尖齿,使药液在转盘表面上该处的表面张力减至最小。药液瓶上制有刻度,便于观察喷雾量,药液瓶直接装在喷头上方,药液靠自重通过流量器流入转盘。把手由塑料硬管制成,它的上端装喷头,中间装开关和导线,下部装电池,并供握手使用。电气装置包括永磁直流微型电机、导线、电池及开关。通过开关控制电机与电源(池)接通,直接带动转盘工作。

(3) 工作原理:当开关接通电源时,电流通过导线进入电机,使电机带动装在它轴伸上的转盘以约 8 000r/min 的速度高速旋转。此时当药液瓶内的药液靠其自重经流量器流入旋转着的转盘中部时,药液就在离心力的作用下迅速形成一层薄膜,贴合在转盘表面上,随后立即向转盘周缘移动,从转盘周缘的齿尖上开始连续发射出一条条细丝液。细丝液由于其自身表面张力的不稳定性及周围空气摩擦阻力冲击等作用,自动粉碎成为均匀雾滴。

(4) 主要技术参数:外形尺寸:1 320mm × 360mm × 100mm;药液瓶容量:750mL;整机净重:1.5kg;喷头型式:旋转圆盘式,单片或双层;喷头直径:85mm;喷头转速:8 000 r/min;喷药量:30mL/min、45mL/min、60mL/min。

(5) 特点:结构简单,使用轻便,工效高,用液量少。

(6) 操作使用方法:① 在使用前应做好以下准备工作:卸除喷头护帽;根据不同的农作物及病虫防治要求,选择合适孔径的流量器调换装上；检查药液瓶座上的通气管（或孔）是否畅通；检查喷雾机各个部位的螺钉是否松动或脱落；检查把手内电池电压是否在额定值之内；电池检查完毕后，合上喷雾机开关，观察电动机（看雾化盘）运转是否正常，电路是否畅通；将药液或需要过滤的药液过滤后，倒入药液瓶内并将药液瓶旋紧于瓶支座上，千万要注意，此时瓶口的位置应向上。② 准备工作完毕，即可以进行操作。合上电源开关，使电机起动运转，注意此时瓶口仍朝上。待电机运转正常后（约经5 s），将喷头移至离被喷作物高0.8～1m处，转动把手，使药液瓶翻转到喷头上方位置（即瓶口向下），就开始喷雾作业。在中途停止喷雾时，只需将药液瓶翻回到喷头下方（即瓶口向上），不必关开关，电动机可以继续运转。喷雾作业结束时，同样应先将瓶口转向朝上，然后再关闭开关，否则药液未经雾化直接滴在作物上，将会产生药害。

3．电动气溶胶喷雾机

（1）型号：QPQ-1 型。

（2）结构：由喷头、药箱、输液系统、气源发生器、动力装置及活动小车等构成。喷头采用双流体式的涡流喷头。药箱盖上分别装有加液口、进气阀及出液阀。输液系统包括出液阀、输液管及其他通道。气源发生器由电动机通过皮带启动。整个装置架设在活动小车上。

（3）工作原理：电动气溶胶喷雾机是采用双流体雾化原理将药液雾化的。气泵产生的压缩空气，大部分进入药液通道用来使药液雾化，一部分流经分流进气管，通过进气阀进入药箱，对药液加压送至喷头。在喷头中，由于高速气流对雾液的两次强烈冲击作用，形成两次雾化，从而使从喷嘴喷出的雾滴极细。

（4）主要技术参数：外形尺寸：980mm × 370mm × 500mm；雾滴容量中径：小于等于20 μm的占95%以上；喷雾射程：6～8m（静风）；节流片孔径：0.7mm、0.8mm、1.0mm、3.0mm；药箱容量：7 L；结构重量：44kg；与节流片孔径相应的流量：71mL/min、101mL/min、111mL/min、285mL/min。

（5）特点：雾化细度好，呈气雾状，粒谱均匀，移动操作方便。

（6）操作使用方法：① 检查各连接部是否牢靠，输液管道有否破裂或松脱。② 根据作业要求及作业量，向药箱内加入适量的药液。③ 根据喷雾要求，选择合适的节流片装在药箱出液阀下端的螺纹连接处。④ 打开出液阀和进气阀，关闭排气阀，开机3min，进行空载运行，可用手试喷头检查，应有气流喷出。如无气流喷出，应检查管道的连接处有无泄漏现象。⑤ 在上述检查一切正常后，即可接通电源进行喷雾。如药箱内压力太高，可适当拧开排气阀放气。

第五节　蚊虫的生活史及密度调查

一、蚊虫的生活史

蚊虫属全变态昆虫，其生活史包括卵、幼虫、蛹和成蚊四个时期。卵、幼虫、蛹生活在水中，成蚊生活于陆地上，产卵于水中。雌蚊一生只需交配一次，即可反复产卵。产卵前，多数雌蚊要吸血1次。雌蚊消化血液，同时进行卵的发育，约2~5d后产卵。不同蚊种雌蚊一次产卵数不同，一般在30~300枚。卵在水中孵化成幼虫，幼虫经4次蜕皮变为蛹，蛹羽化变成蚊。这一系列发育过程称为蚊虫的生活史或生活周期。

蚊虫的生活周期，因蚊种和气温不同而长短不一。在适宜温度和环境下，完成一个周期通常需要10d左右（表4-7）。

表4-7　蚊虫生活周期（气温30℃左右）

卵/d	幼虫/d	蛹/d	成蚊	
			羽化至吸血/d	吸血至产卵/d
1~2	5~7	1~3	1	2~5

二、蚊虫的生态习性

1. 卵

卵必须在水中才能孵化。多数蚊虫的卵一经产出，不久就能孵化。按蚊、库蚊卵漂浮在水面，干燥后易死亡。伊蚊卵多沉在水底或潮湿泥土中，耐干、耐寒，在干燥情况下可存活数月或更长时间，故可以卵越冬。

按蚊的卵产出后单个漂浮在水面上，往往聚集在一起形成星状、三角形或其他形状。库蚊的卵产出时相互粘集在一起成块状，漂浮在水面上。伊蚊单产于水中的卵因无浮囊，常沉入水底。

2. 幼虫

蚊类的幼虫俗称孑孓，在水中活动敏捷。幼虫分4个龄期，从卵孵出的幼虫为1龄幼虫，长约1.5mm。随着生长发育，身体不断长大，经3次蜕皮后，依次成为2龄幼虫、3龄幼虫和4龄幼虫。4龄幼虫体长8～15mm，有的可达20mm，发育成熟后，再蜕皮1次变成蛹。幼虫孳生在水中，无水干燥时很快死亡。

幼虫在水中靠呼吸管或呼吸孔进行气体交换，如食料缺乏或呼吸管、呼吸孔被水面油膜阻塞，可使其延缓发育或窒息。幼虫遇惊扰可转换位置或潜入水底不动。最适温度为20℃～25℃，但有些蚊种的幼虫耐寒力较强，可以幼虫越冬，如微小按蚊等。

幼虫的孳生习性是蚊虫的重要生态学特征之一，是蚊虫防治的基础。不同种类的蚊虫往往孳生在不同类型的水体中，一般可分为五种类型：

（1）田塘型：主要孳生在稻田、沼泽、人工湖、各类池塘等大型或较大积水场所，中华按蚊、嗜吸人血按蚊和三带喙库蚊是本种类型的代表。

（2）缓流型：主要孳生在小溪、沟渠等缓流中，微小按蚊是本种类型的代表。

（3）丛林型：主要孳生在丛林或山麓灌木隐蔽下的石穴、溪床积水等小型水体中，大劣按蚊是本种类型的代表。

（4）坑洼型：主要孳生在坑洼，尤其是污染的积水中，淡色库蚊和致倦库蚊是本种类型的代表。

（5）容器型：主要孳生在人工容器或植物容器的的积水中，埃及伊蚊和白纹伊蚊是本种类型的代表。

上述五类代表蚊种中，前三类是野生蚊种，后两类是家蚊或半家蚊。此外，有的蚊种的孳生场所并不限于一个类型，如淡色库蚊和致倦库蚊也经常在人工容器积水中生长。

3. 蛹

蚊蛹不食不动，常浮在水面之下，以呼吸管伸出水面进行气体交换，遇惊扰时沉入水底。抵抗力强，在无水情况下，只要保持一定的湿润，蚊蛹仍能发育羽化为成蚊。蛹对杀虫剂的抗力常是幼虫的数倍至十几倍。

4. 成蚊

(1) 交配和群舞：蚊虫必须经过交配受精才能进行繁殖。有些雌蚊不经交配也能产卵，但产出的未受精卵不能孵化。各种蚊虫的交配有它不同的习性以及对环境条件的特殊要求。

蚊虫的群舞通常被认为是与交配有关的特殊行为。群舞指雄蚊在一个有限空间形成定型的飞舞。群舞与时间、地点、空间有关，多数蚊虫需要在大的空间，如在树木、禾本植物上空以及人的头顶上等地方飞舞。如淡色库蚊在人头顶上盘旋，随人的移动，群舞随之而移动。参与群舞的个体数量不等，有时可多至成千上万只。其组成以雄蚊为主体，雌蚊只是零星掺入的个体。当雌蚊飞入蚊群时，由于雌蚊飞翔翅的振动发出的频律声音而吸引雄蚊，当雄蚊听到声音后，通常从上方抓住雌蚊，飞出舞群，完成交配。有的蚊虫不需群舞也可交配，如白纹伊蚊和埃及伊蚊，在白天飞行中，当雄蚊听到雌蚊翅振频响后，可立即去寻找雌蚊而交配。雌雄埃及伊蚊完成交配时间仅 5～59s。

城镇灭蚊的主要对象淡色库蚊和致倦库蚊以及农村的中华按蚊都有群舞的习性，这几种蚊虫的群舞都在黄昏出现。在灭蚊区域见到蚊虫群舞，说明灭蚊工作还没有很好进行，防治效果不佳。但是也要注意，在夏秋季见到的群舞昆虫，不一定是蚊虫，因为摇蚊、蜉蝣等也有这样的习性。

（2）食性：雄蚊不吸血，只吸植物汁液，寿命较短，一般不超过3周。雌蚊吸取植物汁液以保持个体生存，但必须吸食人或动物血液才能使卵巢发育。蚊虫可通过吸血将病原微生物输入动物或人体内。成蚊羽化后24h即能群舞交配、吸血。雌蚊叮咬动物和人，多数蚊虫偏好于叮咬某些动物或某些人，其原因是其身体上散发的气味、二氧化碳和热量会吸引蚊虫。有的嗜吸人血，如微小按蚊、白纹伊蚊等；有的嗜吸动物血，如中华按蚊、三带喙库蚊等；有的则兼吸人血和动物血，如淡色库蚊。此外，同一蚊种在不同地区的嗜血习性亦有差异。例如，海南岛的微小按蚊95%以上嗜吸人血，而大陆上的微小按蚊则嗜吸牛血。嗜吸人血的蚊种的传病危害大。在产卵过程中，蚊虫一般不会再次叮咬。

大多数蚊种均在夜间进行吸血。中华按蚊在日落后即开始活动吸血，而在子夜前后1～2h最为活跃。白纹伊蚊、刺扰伊蚊喜在白昼及灯光下吸血。微小按蚊全夜吸血，子夜达高峰。吸血时间可受温度、湿度和光线等因素的影响，高温、高湿及微光下可促进蚊虫的吸血活动。

蚊虫种类和叮咬方式不同，决定了它们主要是作为骚扰害虫还是疾病传播媒介。偏好于叮咬动物的种类，在人群间传播疾病的危害不大。

(3) 栖息习性:雌蚊吸血后常暂时停息于附近的隐蔽场所,进行血液消化。其后,有的继续留在室内,有的则飞往他处寻找适宜的栖息场所。蚊虫栖息场所,因蚊种和环境而不同,一般可分为三类:① 家栖性蚊种:吸血后,白天多栖息在人房或畜舍的隐蔽处,如淡色库蚊、致倦库蚊等;② 半家栖性蚊种:兼有室内、室外栖息的习性,吸血后部分留在人房或畜舍内,部分飞往野外草丛、石穴内栖息,如三带喙库蚊、中华按蚊等;③ 野栖性蚊种:雌蚊吸血后栖息活动于野外,如白纹伊蚊、大劣按蚊等。

蚊虫的活动和栖息习性关系到应用杀虫剂的效果,特别是室内滞留喷洒和蚊帐处理的效果。在傍晚时分叮咬的种类比在夜间叮咬的难防治,家栖性蚊虫较容易防治。

(4) 活动规律:蚊虫活动与温度、湿度及光线有密切关系。温度在20℃ ~30℃,相对湿度在80%以上时最为活跃,10℃以下即停止活动。光线较暗的早晚或黑夜较为活跃,光线强烈的白昼多停息不动。但多数伊蚊在白天也可进行吸血活动。

雌雄成蚊羽化后一天即可进行交尾,时间多在黄昏后或黎明前。此时,大量雌雄成蚊群集飞舞于水面或空旷的草地上,或在屋檐下、草丛中、粪堆上。这是捕杀成蚊的有利时机。

成蚊的飞行距离一般为 1 ~2km,少数蚊种如刺扰伊蚊可飞行数十千米。如无特殊情况,成蚊的飞行多局限在吸血、栖息和产卵场所附近,很少远飞迁徙。因此,住区周围的灭蚊范围,以半径 1km 为界,即可收到较好的效果。

(5) 季节消长与越冬:蚊虫数量因季节不同而有很大变化。夏季气温高、湿度大、雨量多,适于蚊虫孳生繁殖,蚊虫密度高。

冬季气温过低，蚊虫不仅不能发育繁殖，而且大批死亡，故密度大减。有些蚊虫虽在冬季可不死，但已处于不食不动的蛰伏状态，此种状态称为越冬。各种蚊虫的越冬形式常不同，多数蚊种是以雌性成蚊越冬，如淡色库蚊、中华按蚊等。越冬前，雌蚊吸血后消化吸收减慢，在体内转化为脂肪体，不食不动躲藏在温暖、潮湿的阴暗场所进行越冬。越冬期长短以气温和地理纬度而不同。北纬25°以北至30°以南地区，冬季雌蚊不吸血，卵巢停止发育，遇天暖时雌蚊仍可进行吸血活动；北纬32°以北地区，由于寒季长、气温低，蚊虫蛰伏不动，处于完全越冬状态。在越冬期间，大部分蚊虫自然死去，只有少数能活到次年春天。故越冬期是蚊虫数量最少、生命最脆弱的一个时期。

部分越冬的雌蚊，在早春气温转暖时，开始飞入人房或畜棚吸血，并栖息在就近室内。产卵亦多选在居民点附近的浅水中。故早春第一代幼虫的孳生地，往往就在居民点附近，其面积较小，幼虫少而集中，且幼虫发育缓慢，因此也是灭蚊的有利时机。

(6) 蚊虫寿命：蚊虫在夏季一般只能生存1～4周。雌蚊的寿命比雄蚊长，越冬的雌蚊在条件合适时，寿命可长达4～5个月之久。蚊虫寿命长短因种而异，同时营养、气候及蚊体内外的寄生物都对其寿命有所影响。

我国常见蚊种的生态习性及所传疾病如表4-8所示。

表 4-8　我国常见蚊种的生态习性

蚊种	孳生场所	栖息习性	吸血对象	活动时间	出现季节	越冬形式
嗜人按蚊	荫凉稻田、溪沟、浅潭及渗水坑等	家栖(人房、牛舍)	人(畜)	夜(子夜高峰)	6～10 月（高峰 7～9 月）	卵(成蚊)
中华按蚊	稻田、沼泽、芦苇塘、池塘、缓溪及洼地积水	半家栖(作物植株、灌木草丛及牛棚、人房)	畜(人)	夜(子夜高峰)	5～11 月（高峰 7～10 月）	成蚊
微小按蚊	山溪、灌溉沟渠、溪床积水梯田、渗水坑等	家栖(人房)	人(畜)	夜(子夜高峰)	全年（高峰 8～10 月）	幼虫
大劣按蚊	蔽荫的山涧溪床、石穴及泉潭等	野栖(灌木丛、竹林、草丛、树洞等)	人(畜)	夜(子夜高峰)	全年（高峰 7～10 月）	—
淡色库蚊	污水沟、清水粪坑、容器积水、洼地积水	家栖(人房、畜舍)	人(禽畜)	夜(黄昏高峰)	5～10 月（高峰 7～8 月）	成蚊
致倦库蚊	污水坑、清水粪坑、浅潭、洼地积水等	家栖(人房、畜舍)	人(禽畜)	夜(晨昏高峰)	3～11 月	成蚊

续表

蚊种	孳生场所	栖息习性	吸血对象	活动时间	出现季节	越冬形式
三带喙库蚊	池塘、稻田、沟渠、浅潭、沼泽、草塘等	半家栖（灌木草丛、作物植棵、畜舍、人房）	畜（人）	夜（子夜高峰）	6～9月（高峰7～8月）	成蚊
埃及伊蚊	树穴、竹筒及缸罐等容器积水	半家栖（草丛、竹林、人房、畜舍）	人	昼（夜）	4～11月（高峰6～10月）	卵
白纹伊蚊	竹筒、树洞、石穴、缸罐等各种容器积水	野栖（竹林、草丛、树洞等）	人（畜）	昼（黄昏高峰）	4～11月（高峰5～9月）	卵
刺扰伊蚊	沼泽、浅塘、洼地积水、稻田、污水池等	野栖（灌木、草丛）	人（畜）	昼（夜灯光下）	5～10月（高峰7～9月）	卵
东乡伊蚊	海滨岩穴、石隙积水及缸罐陈水中	野栖（海滨岩穴、山洞）	禽（人）	昼（夜灯光下）	—	卵

三、 蚊虫与传播疾病的关系

蚊虫不仅可以叮人吸血，骚扰人类，影响人们正常的工作和休息，更重要的是蚊虫还可传播多种疾病，直接威胁人的健康和生命。蚊虫传播疾病的方式属生物性传播。对以蚊虫为传播媒介的传染病，只要消灭了媒介蚊虫，就能预防和控制传染病的发生与流行。消灭媒介蚊虫是预防和控制蚊媒传染病的主要手段之一。

我国由蚊传播的疾病主要有：疟疾、乙型脑炎、丝虫病、登革热等。此外，黄热病（非洲、中南美洲）、东方马脑炎（美洲）、西方马脑炎（美洲）、委内瑞拉马脑炎（美洲）、圣路易脑炎（美洲）、基孔肯雅病（非洲、亚洲南部）等也都是通过蚊虫传播的。

我国常见蚊媒病的主要媒介蚊种见表4-9。

表4-9 我国常见蚊媒病的主要媒介蚊种

病种	主要媒介蚊种
疟疾	中华按蚊、嗜人按蚊、微小按蚊、大劣按蚊等
乙型脑炎	三带喙库蚊、淡色库蚊、致倦库蚊、白纹伊蚊等
丝虫病	中华按蚊、嗜人按蚊、致倦库蚊、淡色库蚊等
登革热	埃及伊蚊、白纹伊蚊等

四、 蚊虫密度调查

蚊虫密度调查主要是通过蚊种、蚊虫种群数量、季节性数量变动、生态习性与传染病的调查，为流行病学的资料分析研究提供依据。要使调查结果更准确，必须选好采集场所，根据调查场所的不同，采用不同的调查方法。

对于蚊虫防治的效果进行考核，其中密度监测是一个最为重要的指标，通过防治前后密度的变化，可以评价防治工作的成效。同时通过考核发现问题，总结经验，不断提高灭蚊工作水平。

1. 成蚊密度调查方法

（1）采集场所。

采集场所主要选择蚊类孳生地，居民点内选择有代表性的人房、卧室、畜舍等，野外则选择草丛、山洞、桥洞、石缝、竹林、地窖、防空洞、碉堡等光线比较暗、湿度适宜而通风较差的场所。

（2）密度调查方法。

① 室内捕蚊法：白昼，在阴暗平房内定人定时定点，用吸蚊管或电动吸蚊器捕捉停息在室内的蚊虫，以各室每人每小时捕获蚊虫的平均数为密度。为节省时间，每次可捕捉 15min，所获只数乘以 4，即得密度指数，单位为：只/（人·小时）。

吸蚊管为一特制的玻璃管，长 15cm，直径 3cm，前端凹入呈圆锥形，在圆锥形的尖端有小孔，孔径约 3～4mm。玻璃管后端安一软木塞或橡皮塞，塞中央插进一段 5cm 长的小玻管。小玻管内端用两层纱布包裹，外端接一长约 70～80cm 的橡皮管，管末端与吸气用的橡皮球相接，球的直径约7～8cm。捕蚊时，如光线不足，可用手电筒照明，但不要将手电筒的光直接照射蚊虫，以免使其受惊扰而飞逃。发现成蚊时，先将橡皮球用手捏瘪，把球内空气驱出，然后将吸蚊管前端轻捷扣住蚊虫，松开橡皮球，蚊虫即被吸入吸蚊管内。如此可连续吸捕，但每管捕捉十余只，即应更换新管，以免过多挤碰使蚊体上的鳞片脱落。换管时，把乙醚棉球放入吸蚊管内，密闭1～2min，将蚊子杀死。死蚊倒入指形管中，吸蚊管还可继续使用。

电动吸蚊器的工作原理是用干电池驱动微电机带动风扇旋转，产生吸力，把附近成蚊从前口连续吸入有机玻璃罩中。经吸捕一定时间（5～10min）麻醉蚊虫一次。麻醉时把前口盖上，关闭开关，打开后盖，将氯仿或乙醚由后口投入，捂住片刻，蚊虫即被麻醉。打开前口倒出麻醉的蚊虫，进行分类计数。此种吸蚊器使用方便，捕获效率高。

② 刺叮法：定人定时定点进行，调查时间决定于蚊虫刺叮活动高峰，对淡色库蚊、致倦库蚊和中华按蚊等应在日落后1.0～1.5h，对白纹伊蚊在白昼即可。调查者坐在调查点，暴露小腿，在规定时间内（0.5h或1.0h），用电动吸蚊器或吸蚊管捕捉停在腿上的蚊虫。由数人在几个点上调查，最后计算各点的平均蚊数，以刺叮率表示，单位为：只/（人·小时）。

③ 帐诱法：定人定时定点进行，使用特制蚊帐（顶部正方形，80cm×80cm，高150cm）或普通单人蚊帐，悬挂在空场或房屋之间，帐下缘距地20cm，张开四角，调查者坐在帐内，手持电动吸蚊器或吸蚊管捕捉飞入帐内的蚊虫。根据蚊虫活动高峰时间决定调查时间，根据调查点的大小决定设帐数，以每帐每小时平均捕获蚊虫数为密度，单位为：只/（帐·小时）。

④ 灯诱法：使用紫外线灯，悬挂在适宜的场所，如猪场、牛舍、住宅区空地，距地面1.0～1.5m，傍晚开灯，诱捕30min。从集蚊笼中取出昆虫（将集蚊笼放入塑料袋或大口瓶内，然后用乙醚麻醉），挑选出蚊虫并分类计数，蚊虫密度单位：只/灯。

⑤ 挥网法：适用于蚊虫飞舞活动时的采集，也是调查群舞活动的常用方法。捕虫网是用60目绢纱制成的口径20cm，深60cm，末端钝圆的圆锥形网，网柄长70cm。挥网时，采集者手持网柄，伸直胳膊呈"∞"形挥网，以50次/min的频率挥网5min为一计量单位，而在不作数量调查的一般性采集时挥网时间可不定，但也不能超过20min，以免时间太长标本受损。挥网法不仅能采集到两性成虫，而且所获标本也较为复杂。挥网时禁止将蝶、蜻蜓等大型昆虫和花草、枝叶等挥入网内而损伤蚊虫。挥网5min后，用力快挥3～4次，使捕获的蚊虫集中网底，迅速用乙醚或氯仿毒杀，而后取出倒于白塑料布上捡取。

2. 蚊幼密度调查方法

（1）采集场所。

蚊幼孳生场所大致可分为两类，即容器积水类和地表积水类。前者包括缸罐、坛钵、树洞、竹筒（竹桩）、叶腋、石穴、水池等；后者包括水塘、水坑、稻田、河沟、蹄印等。

（2）密度调查方法。

① 捞勺计数法：选池塘、沟渠、稻田等蚊幼孳生场所，用牛奶锅或马口铁制的500mL水勺，安上长2m的木柄，沿着孳生地边缘水面捞若干勺，或根据孳生地面积大小，在适当

的水面捞若干勺，计算幼虫数，并分别记录幼虫的龄期及各期数量。

幼虫密度＝(各龄期幼虫总数＋蛹数)/勺数

② 容量计数法：适用于小型积水如瓦罐、树洞、石穴等孳生地的调查。调查时用大的滴管或大口吸管直接将积水吸出，较深的小树洞可利用长橡皮管伸入底部，用虹吸原理将树洞内积水吸出，其计数单位为：蚊幼(只)/100mL。

第六节 蚊虫防治方法

蚊虫具有繁殖快、数量多、种类杂、分布广，其生长发育受外界气温和环境因素影响较大的特点。蚊虫防治是预防和控制各种蚊媒病的重要环节，要搞好这一工作，并不是单靠某一个机构、某一种手段和几次的突击就能够完全解决的，而是要采取综合治理(Integrated Pest Management, IPM)的方法。我国著名蚊虫防治专家陆宝麟结合我国实际，对蚊虫综合治理的解释是：从蚊虫及其环境以及社会条件的整体观点出发，本标兼治，以治本为主，以及安全、有效、经济和简便，包括对环境治理、化学防治、生物防治以及其他有效手段，组合成一套系统的防治措施，把防治对象的种群降低到不足为害的水平，并争取予以清除，以达到除害灭病或减少其骚扰的目的(图4-7)。这是20世纪80年代媒介防治特别是蚊虫防治策略的重大转变，也是世界卫生组织强调的防治策略。

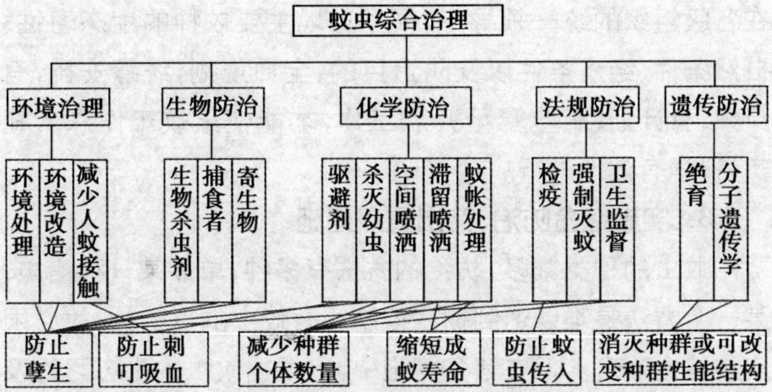

图 4-7　蚊虫综合治理的组成及其对蚊虫的作用示意图
（陆宝麟，1999）

一、原则要求

1. 调查摸清当地主要媒介蚊虫的种类、密度及其孳生繁殖场所和活动规律

蚊虫的防治工作是一项复杂而细致的工作，要做好这项工作，必须要做到有的放矢。要做到有针对性就必须要对本地区的防治对象进行深入细致的调查，摸清当地主要媒介蚊虫的种类、数量、分布、生态习性、孳生场所以及全年发生和活动规律，这方面了解得越详尽，就越能找出防治对象的薄弱环节，对制定防治计划，合理选择防治方法，以及防治后的效果评价和开展新方法、新技术的研究都是十分重要的。

2. 加强组织领导，充分发动群众

蚊虫防治是一项群众性工作，有专门的技术内容，只有发动群众，一起行动起来才能做好。为此必须加强组织领导，做好宣传教育工作，充分发挥专业人员的技术指导作用，

在各级组织的统一领导下，根据当地主要蚊种的生态习性、自然条件、经济条件以及防治目的，全面规划，统筹安排，有组织、有计划、有步骤地开展工作，才能使灭蚊工作深入扎实、科学有效地进行。

3. 实施综合防治，突出重点措施

蚊虫的种类繁多，防治的方法有多种，单靠某一种措施、某一个方法是难以达到彻底控制所有蚊虫的目的的，故必须实施综合治理。但在诸多措施中，应根据蚊虫的生态习性及技术条件、经济条件，抓住主要矛盾，有所侧重，选出最有效、最可行的主导措施，辅以其他措施，方可取得事半功倍的效果。

4. 抓薄弱环节，突击防治

蚊虫发育有卵、幼虫、蛹、成虫 4 个变态过程，不同发育阶段其形态、习性、孳生场所、抵抗力等也不同。此外蚊虫的生活和繁殖受气温、湿度、雨量等自然因素影响极大。在防治中应抓住其发育过程中最薄弱的环节，给予歼灭性打击，以阻断其世代繁殖和发育过程。坚持“打早、打小、打了”的原则，把蚊虫消灭在早春繁殖阶段，消灭在局限的孳生场所内，消灭在脆弱的越冬阶段。在此时期，蚊虫数量少、抵抗力低、活动范围小，较易消灭，费力小，收效大。

5. 管好水源，着重环境防治

蚊虫的孳生离不开水，无水就无蚊，而人们的生存也离不开水，农业的水利灌溉、田间管理等都与水有着密切关系。因此认真管好生活污水，科学兴修水利，合理灌溉是消灭蚊虫的根本措施，适时使用药物、加强环境防治都是至关重要的。

6. 合理用药，防止产生抗性

在药物灭蚊中合理用药至关重要，用量过大则不仅浪费药物，还会污染环境或引起人畜中毒；用量少则影响灭效。一种药物长期连续使用，易引起蚊虫对该药的抗性。已产生抗性的蚊虫，须加大剂量或改变措施才能将其杀死。为预防和消灭对药物产生抗性的蚊虫，在药物防治中应注意以下原则：① 选用高敏药物；② 混合配伍用药；③ 交替轮换用药；④ 轮换药物剂型。

二、环境治理

环境治理（Environmental Management，EM）是最早的蚊虫防治手段之一，曾一度被忽视。环境治理对于城镇灭蚊尤其重要，城镇灭蚊的方针，可以进一步看做是以环境治理为主的综合治理。环境治理包括环境改造、环境处理、减少人蚊接触三个方面。

环境治理的根本目的主要是清除蚊虫孳生场所。没有自然或人工积水，就不会产生蚊虫，然而在自然界及人类生活和生产环境中不可能全无积水，所以控制蚊虫孳生的关键在于解决这一个矛盾。城镇灭蚊的主要对象是属于污水型和容器型的蚊种，这就有利于通过环境治理来清除它们的孳生场所。再者，各种蚊虫对它们的孳生场所有一定的选择性，即对孳生环境有一定的要求。针对这一习性，在有些情况下，也可采取环境处理的办法，改变它们的孳生环境，使之不再适于它们栖生。

1. 环境改造

环境改造(Environmental Modification)指为了防止、清除或减少蚊虫孳生和栖息而对土地、水体或植被进行各种永久或长期性和实质性的改变。平洼填坑是最简单的例子,洼地积水填平之后就不会再孳生蚊虫,是根本性的防治措施。

(1) 排水:通常指通过天然或人工沟渠排除地面积水。排除地面积水是指排除各种无用积水,大至沼泽和洼地,小到缸罐、盆盒等积水,以防蚊虫孳生。

① 下水道系统设施及其管理:在城镇,良好的排水系统可防止雨水和生活废水积集,不仅可保证城市卫生,也是防治蚊虫的基本设施。城镇如无一个良好的下水道系统来排除日常生活废水和雨水,就会形成地面积水,甚至街道两旁污水横流,很难彻底清除蚊虫的孳生场所。无下水道或下水道设施不完全的城镇,把这类污水直接排入市内河道或大型沟渠,更易形成蚊虫良好的孳生地。比较理想的是,生活和工业废水等通过下水道系统到达污水处理站,经过处理后再排放到郊外农田、江河或海洋。较大的工厂以及屠宰场应当有自己的积水处理排放系统。

马路旁和暗沟的进水口(有的也称为沙井),也需要防止蚊虫侵入产卵。对此,广东佛山等地在入口处装置了一段曲(弯)管,使入口处保持一定水位,以防止蚊虫从下水道飞出,同时在入口处吊放浸泡双硫磷、倍硫磷等杀虫剂的木塞,毒杀飞进入口的蚊虫。湛江、珠海等地对路边流水采用活动挡板装置。挡板用铁或塑料制成,平时挡板关闭,在水流入时,水流冲开挡板而进入下水道。这类装置都可以防止蚊虫侵入下水道产卵。

居民区街道、小巷两旁、住屋，特别是多层居民楼下的阴沟，往往因居民投入塑料袋、纸盒等废物而使水流堵塞或不畅，排入其中的生活废水积集，不仅造成蚊虫孳生，而且也有碍城市观瞻。把这类阴沟用水泥或砖板封闭，使之成为暗沟，流水入口装置上述弯管或挡板，可防止蚊虫在其中孳生。清除其中废物，使水流畅通而排入下水道。

② 防止积集和排除无用积水：翻缸倒罐，排除容器以及其他无用积水，是我国一贯提倡的蚊虫防治措施。各式各样的人工容器，大至水缸和木桶，小至碗盆和空瓶，是城镇蚊虫的主要孳生场所。动员居民清除或减少这类积水，可以大大减少蚊虫的来源，也可以节省杀灭幼虫的药物和人力，对防治白纹伊蚊、淡色库蚊或致倦库蚊可起到很好的实效。

翻缸倒罐，清理废弃器皿。各类场所，特别是居民室内外闲置不用的各类容器（包括缸、罐、坛、盆等）以及废弃器皿（包括破缸、空瓶、瓦盆、罐头盒、空塑料盒、椰子壳等）中的积水可成为淡色库蚊或致倦库蚊，尤其是白纹伊蚊的孳生场所。白纹伊蚊可以利用少量积水和很小空间，如在500mL的空瓶积水中产卵孳生。闲置不用的各类容器应当翻转倒放，以防积集雨水生蚊。无用的容器积水应该倒掉，最好把内壁洗刷干净，以清除可能粘附在其上的伊蚊卵，然后翻转倒放。废物器皿需要全部清除或土埋，或作其他适当处理。城镇中的废品收购或堆积站往往积集有大量旧塑料盒、破铁桶等各种容器。它们在雨季中的积水可成为淡色库蚊或致倦库蚊，尤其是白纹伊蚊的孳生场所。例如，过去白纹伊蚊在北京极为少见,但是它的幼虫就在废品堆集站的塑料盒积水中被发现。

加强轮胎管理。汽车、拖拉机等机动车轮胎,特别是废旧轮胎积水,是白纹伊蚊良好的孳生场所,同时淡色库蚊、致倦库蚊及其他蚊种的幼虫也可在其中生长。在国外,它们也是埃及伊蚊的重要孳生场所之一。有些城镇的废品堆积站或轮胎厂就在露天堆放轮胎。在我国白纹伊蚊的分布地区,雨季的轮胎积水中可有大量幼虫生长,从而使这类场所成为这种伊蚊的重要发生地。特别值得注意的是,白纹伊蚊和埃及伊蚊都可通过产在轮胎内壁的滞育卵被动地传带到其他地区或国家。例如,日本的白纹伊蚊就传带到了美国。在城镇灭蚊中,对轮胎堆放问题应予特别重视并加强管理。城镇管理部门应该要求有关单位把轮胎存放在仓库、工棚或室内。露天存放的新旧轮胎必须整齐叠放,并用防雨布遮盖,不使雨水进入胎内积集生蚊。

清理并处理室内特殊积水。为了防止室内孳生蚊虫,必须对所有可能积水的器物,进行十分仔细的检查,并作适当处理。室内除了常见的插花瓶、痰盂等外,更可有一般想不到的场所积水生蚊。普通冰箱下的接水盘积水可生长蚊虫幼虫。城乡居民室内的腌菜坛或泡菜坛也可成为白纹伊蚊的孳生地。例如,1980 年广东乐昌县坪石镇曾发生登革热流行,显然是白纹伊蚊传播的。后经调查发现,白纹伊蚊来自室内。当地居民卧室内普遍存有腌菜坛,为了水封腌菜,坛子边缘都有积水,其中白纹伊蚊孳生阳性率高达 44.7%。所以在这类情况下,室内吸血骚扰的蚊虫就来自室内,等于自己养蚊危害自己。

管理好家庭饮用贮水。我国的埃及伊蚊主要孳生在家中，尤其在室内各类缸罐贮水中。管理好这类贮水是防治埃及伊蚊的重要环节之一。在供水比较充分的地区，应该强调定期（每隔4～5d）刷缸换水，使其中生长的幼虫在化蛹和羽化为成蚊之前即被消灭。在倒换新水时，必须不留缸底积水，并洗刷缸壁、缸底，以清除残留的幼虫和粘附在缸壁上的贮育卵。水缸加盖，可防止雌蚊飞入水缸产卵，从而杜绝埃及伊蚊孳生。

（2）填地堵洞：填地堵洞以改变地面或其他条件，不使其形成积水，是永久性防止蚊虫孳生的有效措施。

① 平洼填坑。大小洼地以及土坑、土沟等，一下雨便积水，易生蚊虫。如果用泥土或其他材料把它们填平，即可一劳永逸地杜绝蚊虫孳生，也有利于改善城镇面貌和增加农村可用土地。

城镇中一般土坑和土沟较少，但是在基建或其他施工中，往往挖土成坑，造成人为的蚊虫孳生场所。这类临时或永久性的土坑，都应当责令施工部门填平。在施工中设置的水泥池，可成为白纹伊蚊和淡色库蚊或致倦库蚊的发生地，应在施工结束后予以拆除。城镇中大小不等的死水塘，多半污水积集，成为骚扰周围或附近居民蚊虫的发生地。为了灭蚊和整顿市容，这类水塘应加以改造。对于小型无用的死水塘可以用碎砖、石块和泥土填平，填平地面可作开发利用；对于大、中型水塘可以清除杂草、修整岸边，尽可能石砌，并加深岸区，改造成为小型人工湖，以减少蚊虫孳生，湖中也可放养家鱼，减少可能孳生的蚊虫幼虫。

在农村，平整洼地、土坑、水潭以及小塘等可防止积水生蚊。河南商丘平台乡的抗疟试点区提供了这方面的实例（周祖杰，1991）。据调查，1974年全乡共有洼地、草塘等501个，合计面积超过66.7hm^2，其中大部分积水时间长达6～7月之久，为中华按蚊等提供了大量孳生场所。当地1974年冬，为了清除这类孳生场所，当地大力开展了填坑平洼、平整土地和改造耕田的活动。1975年春完成此项环境改造之后，当年中华按蚊和疟疾的发病率明显下降。平整土地村庄6～7月畜舍蚊虫密度比未填坑平洼村庄低39.9%；6～7月疟疾发病率从1974年同期的1.22%下降到了0.7%。

在比较大型的永久性水体，如水库、鱼塘、池塘等中，蚊虫一般孳生在水浅而有植被的边缘区域。修整边岸，包括加大坡度和填充浅湾，并加深岸边水域，是防止蚊虫孳生的有效措施。这种做法也可以缩短岸线，而不影响贮水量。我国有的农村并小塘为大塘，有的还放养家鱼，成为增加生产的养鱼塘，也是防止蚊虫孳生的好办法。

② 堵洞刨根。公园、学校或庭院内的树洞积水，在南方可孳生白纹伊蚊等多种蚊虫，在北方往往成为仁川伊蚊的孳生场所。这类树洞应该用水泥或石灰土堵塞，以防止积水生蚊。我国南方城镇的公园、学校以及庙宇等往往种植有观赏竹子，成丛或成小片竹林。竹丛或竹林砍去竹子后留下的根部竹筒，雨后积水可生长多种蚊虫，尤其是白纹伊蚊的幼虫。为了防止竹筒积水，可鼓励把竹根刨出，竹根也可开发作多种用途。另一种方法是在砍竹时，在留下的根部处砍上两

刀,成“十”字形,使竹筒破裂,无法积水。不要因为树洞小和竹子细而对其忽视。在直径不到1.5cm的树洞积水中发现过仁川伊蚊的幼虫,在直径不到2.0cm的竹子形成的细竹筒(内径1.3cm)积水中发现过白纹伊蚊的幼虫。

(3) 修整沟渠:一般而言,流水都不适于蚊虫孳生,即便所谓缓流水种类蚊虫,如微小按蚊和溪流按蚊,实际上其雌蚊不在流水中产卵,幼虫也不能抵抗流水的冲刷。灭蚊区内的河道和沟渠,尤其在积集污水之后,可大量孳生淡色库蚊和致倦库蚊。增加沟渠流速最实际的办法是修整渠岸,并清除其中植被。整治的方法是疏导、填平或覆盖。

① 疏导:有些城镇的护城河、泄洪道或其他河浜往往因久未整治,水流不畅,或成为排积生活废水的污水沟,其中密生淡色库蚊或致倦库蚊幼虫;或杂草丛生,垃圾堆积,水流中断,形成大小不等的库蚊孳生场所。在这类情况下,要使用杀虫剂来灭蚊,不仅需要大量人力物力,也是实际难以做到的。最好的办法是对它们进行彻底整治。清除河道淤泥杂物,然后用石砌或水泥被覆,改建成硬底河床,两岸禁止投放垃圾和废弃物品,使之成为水流畅通的河道。沟渠也可以采取类似的整治办法。例如,经常淤塞生蚊的土沟可以改建为石砌或水泥的硬底沟渠,使其中水流畅通,蚊虫无法孳生。

② 填平:较小和无用的沟渠可以用碎砖、泥土等填平。排水用沟渠可以埋设管道,沟面则仍用泥土填平。这类填平的沟面,或利用于种植行道树,或改作人行道等。

③ 覆盖:对于较大的沟渠,采取用水泥板覆盖封闭的办法,使它们形成大暗沟,覆盖面则作多种利用。

2. 环境处理

环境处理(Environmental Manipulation)是指有计划地定期改变水生环境,使之不再适于蚊虫孳生。

(1) 稻田及其灌溉系统管理:我国是水稻种植大国。稻田大面积的静止积水,为包括一些重要蚊媒病媒介在内的蚊类提供了良好的孳生场地。我国的稻田蚊类不下40余种,包括疟疾和淋巴丝虫病的重要媒介嗜人按蚊和中华按蚊以及流行性乙型脑炎媒介三带喙库蚊和一些骚扰吸血蚊类(如刺扰伊蚊)等。水稻种植可引起或加剧疟疾、淋巴丝虫病和乙脑的传播,从而带来艰巨的稻田蚊虫防治问题。从农业生态系统着眼,采取生物环境治理(Bioenvironmental Management),包括稻田养鱼以及改进稻田灌溉方法和加强灌溉沟渠管理,是我国防治稻田及其灌溉系统孳生蚊类最有希望的途径。

① 间歇灌溉:所谓间歇灌溉是指周期地灌水和排水,使稻田“干干湿湿”,以阻抗雌蚊在其中产卵和幼虫的生长发育。我国上海、四川以及台湾等地,为了防治外栖性的三带喙库蚊和半外栖性的中华按蚊,也都曾进行过不同类型的间歇灌溉试验,取得了一定的防治效果。近年广东等地稻田这两种蚊虫的幼虫密度有所下降,也与改变了长期淹灌的方法有关。

② 湿润灌溉:所谓湿润灌溉与一般间歇灌溉类似而又有所不同。其要点是插秧后以水护秧,活棵返青后就排水晾田。此后则根据水稻生长需要,浅灌给水。灌水入田后,除下雨过多时外,不再排水出田,而由水稻吸收、渗透入地以及自然蒸发而落干。根据典型的湿润灌溉方法,稻田须待落干

到人能行走不陷，才再给水。地面积水时间除返青阶段较长（10～15d，水深4～6cm）外，一般每次灌水后10～48h自然落干。两次灌水间隔5d左右。从插秧到收割，灌水约21～26次。

③ 灌溉沟渠管理：稻田灌溉系统的纵横沟渠，往往杂草丛生，水流不畅，也可成为蚊虫孳生场所。对于我国多数稻区来说，原有灌既系统已难重新安排，但可以加强沟渠的管理。在有条件的稻区，至少主要排灌沟渠应改作石砌或水泥铺面。不能改建的水沟，也应经常疏导，以保证排灌水流畅通。

（2）植被控制：控制沟渠、水库等中的水生植被，由于可增加流速和清除幼虫的庇护栖附场所，可以减少如中华按蚊、三带喙库蚊等的孳生。

（3）水位波动：大型饮用水水库和灌溉水的水位波动，可以减少蚊虫孳生。通过水位波动，可使蚊虫幼虫在水体边缘搁浅；可将岸边植物中的蚊虫幼虫驱逐出来，使之暴露，被鱼吞食；可减少水体边缘生长的植物，从而减少蚊虫幼虫栖息地。水位波动间隔时间应短于蚊虫幼虫生长周期，如约7～10d。水位波动幅度通常为30～40cm。

（4）水闸冲刷：冲刷的原理类似于水位波动，适用于水流持续而缓慢的小型溪流。蚊虫可在溪流边缘滞流位置孳生，定期排放大量的水，可以冲掉岸边的虫卵、幼虫和蛹，或者使它们在岸边搁浅。

为了汇集冲刷所需的水，需要在孳生地上游建造小型水坝。水坝地点应选在溪流比较狭窄且堤岸较高的地点。水坝应具备手动或机械操作闸门或自动虹吸管，一周至少放水一次。这种方法前期投入高，但使用年限长，且需要维护少。东南亚的茶园和橡胶种植园常用这种方法控制微小按蚊和多斑按蚊。

3. 减少人蚊接触

减少人蚊接触指通过改善居民居住条件和习惯，减少与蚊虫的接触。例如，房舍装置纱窗、纱门和使用蚊帐，尤其是使用拟除虫菊酯类杀虫剂处理的蚊帐。

(1) 个人和集体防护：房屋装置纱窗纱门，个人使用蚊帐，在蚊虫刺叮活动场合使用驱避剂(防蚊油)，以及夜晚使用各类蚊香，都是常用的防蚊方法。防蚊虽然是消极的办法，但在减少蚊虫吸血骚扰和蚊媒病的传播，尤其在蚊虫尚未控制的情况下，可起到一定的作用。

① 纱窗、纱门：房屋装置纱窗、纱门需要考虑纱孔径大小，过大不能阻挡蚊类侵入，过小则通风不良。市场上出售的普通金属或塑料窗纱可以防止绝大多数蚊类入内。如果需要阻止如蠓类等更小昆虫进入，可以在窗纱上涂抹如溴氰菊酯($20mg/m^2$)悬浮剂、氯菊酯($500mg/m^2$)乳油等拟除虫菊酯类杀虫剂，毒杀通过纱孔的飞虫。纱窗、纱门装置必须严密牢固，并要随手关闭。

② 蚊帐和防蚊网：蚊帐是最普通的防蚊工具，但必须合理使用，如在傍晚前把蚊帐放下，睡前把帐底压好，及时修补破损等。若蚊帐使用不当或蚊虫隔帐刺叮吸血，则其不足以起到完全防护作用。为了增强蚊帐的防护效果，可以使用拟除虫菊酯类杀虫剂处理蚊帐。

野外执勤作业时，可戴防蚊帽或驱虫网。防蚊帽由尼龙纱制成，网孔直径0.75mm。驱虫网是含驱避剂的网，其是将驱避剂与粘着剂按一定比例混溶，将棉织纱网浸入其中，待浸透后，取出晾干而成。使用时，将网披戴在头顶帽外，下缘披盖于两肩并用别针固定在衣服上以驱蚊。一般有效期为20~30d，过期失效后可重新浸制。野外露营时，可把驱虫网挂在帐篷的入口及窗口处，以防蚊虫侵入。

③ 驱避剂和蚊香：夜晚执勤或早、晚野外作业时，可在脸、颈、手等裸露部位涂搽驱避剂，每人每次1.5~2.0mL，注意涂搽均匀，勿拭入眼内，一般可有1~6h的效果。若感觉有蚊虫触碰皮肤，表明药效已过，可再次涂搽。

住室或帐篷内可点燃蚊香驱杀蚊虫。每间住室或帐篷点燃一盘，可有70%~90%的驱蚊效果。也可用野生植物驱蚊，如艾、青蒿、陈蒿、野菊花、苦楝、牡荆、鲜柏的树叶或根皮等，晒成半干，放在炭火盆上使之发烟，于1~2h内可驱杀室内蚊虫。

（2）诱蚊灯和电子驱蚊器：有些蚊虫受光的吸引，诱蚊灯利用蚊虫这一习性诱捕被吸引的蚊虫。早期的诱蚊灯是利用普通灯泡或紫外线灯管发光吸引蚊虫，靠着灯下风扇的吸力，把飞近的蚊虫吸入毒瓶或笼袋内。这种诱蚊灯由于诱捕条件比较稳定，操作简便，可用以测定成蚊密度。如今这类诱蚊灯已有不少改进，如在装置上有微型的和定时的，在电源上有直流电和交流电并用的，以便在野地和山林中应用。这类诱蚊灯多单独或加上二氧化碳发生器，用以测定蚊虫密度，观察蚊虫通宵活动，也可用以捕集蚊虫，进行虫媒病毒分离，用途颇广。为了便于灭蚊，这类诱蚊灯可装有电栅，以电杀被诱集而与之接触的蚊虫或其他昆虫。据说诱蚊灯使用的光源对人无害，有的专门生产以供家庭使用。但是已有实验表明，在居室内，诱蚊灯不如人诱力大，因而不能完全防止室内蚊虫刺叮吸血。

近年来，国外市场出售有多种电子驱蚊器。据说它们发出的声波能把蚊虫驱走，其体积小，携带方便，是防蚊的有利器械。但根据已知比较严格的实验室或野外试验，都未能证实其效果。

(3) 动物屏障和建立缓冲区：所谓动物屏障又称作动物防护，即把牛、马、驴等大型家畜集中饲养在农村的外围，面对稻田、沼泽等蚊虫孳生地，使得寻找血源的雌蚊首先被家畜吸引，从而避免它们侵入村内吸取人血，这样减少了人蚊接触，也减少了蚊虫从人体获得病原体和成为媒介的机会。多数蚊虫更喜欢叮咬动物，而不是人类。偏嗜或较嗜动物血液的蚊种，如中华按蚊、日月潭按蚊等的叮人率，可受宿主动物存在的影响。迁居或是引进家畜或其他驯养动物，可以将大量蚊虫的叮咬从人类转向动物。牲畜安置于居所和蚊虫孳生地之间，如村庄的外围，可吸引蚊虫，对人类提供一定保护。在日本，远离稻田的牲畜棚已被证明能有效地防止传播乙型脑炎的库蚊的叮咬。而在海南，当地牛群外出放牧时日月潭按蚊可增加对人的叮咬，从而增加了疟疾的传播。因此，在有条件的地区，应鼓励把大型家畜集中在村外饲养。

在扩展水稻种植区时，如能在农村居民点周围建立一旱作区，能有利于减少稻田蚊虫的侵害。例如，江苏省邳县的调查结果表明,周围种植棉花和种植水稻的农村的中华按蚊成蚊密度有明显的差别,后者高出前者5倍以上。

(4) 改善居住条件和习惯:居民生活条件,包括住屋及其周围卫生环境等的提高以及生活习惯的改变,可以明显减少蚊媒病的传播和蚊虫的吸血骚扰。例如,在海南岛的有些农村,自来水供应改变了家庭贮水习惯和需要,从而防止了埃及伊蚊孳生。

我国东北、河南、山东等省有不少农村住屋的通风较差,在炎热的夏季,居民多在户外露宿,增加了被蚊虫刺叮吸血和感染疟疾的机会。改变这样的居住条件和习惯,可以减少人蚊接触。例如,刘吟龙等(1986)在江苏邳县推行住屋开窗通风、使用蚊帐等措施,使居民夏季的露宿率从1979年的23.0%下降到了1985年的4.6%,当地疟疾发病率也明显下降。

三、 化学防治

化学防治指利用天然或化学合成化合物来毒杀、驱避蚊虫。虽然使用杀虫剂存在着抗药性、环境污染等问题,但是它具有见效快、使用方便以及适于大规模应用等优点,从总体来说,仍然是目前蚊虫防治的重要手段之一。所以蚊虫综合治理并不完全反对使用杀虫剂,只是强调更合理和更精细地加以应用。

化学防治的一般原则为:① 化学防治要与环境防治、物理防治和生物防治等方法综合使用。在虫媒传染病流行、自然灾害发生或卫生害虫数量骤增影响人群健康时,化学防治是首选的防治措施。② 化学防治要根据蚊虫种类、生活习性、孳生场所、密度及其对杀虫剂的敏感性等选择杀虫药剂、剂量和施用方法。③ 合理用药，做到确保杀虫效果并防止耐药性的发生和发展，在一个地区不应连续多年使用一种杀虫剂。④ 遵守杀虫剂采购、保存、配制和使用的各项规定，不用高毒、剧毒杀虫剂，杀虫剂专人管理，不得与食品和其他药品混放，使用和保管人员应注意防护，容器等有关物品做好处理，一旦发现人员中毒，立即脱离现场，并进行急救。

1. 幼虫的化学防治

对于户外非饮用水或生活用水，特别如轮胎、石穴、水泥池、防火桶等积水，宜使用化学杀幼剂杀灭其中生长的幼虫。杀灭幼虫可以使用的杀虫剂较多，但由于我国条件的限制，以选用有机磷杀虫剂及其缓释剂为宜。

（1）双硫磷：对蚊虫幼虫和其他水生昆虫有高度活性，对鱼类、鸟类、人类和其他哺乳动物的毒性很低。由于对非靶生物毒性低，且使用有效剂量也低，多数情况下，双硫磷是最合适的杀幼剂。我国白纹伊蚊对它的LC_{50}为4.0～8.8μg/L，纯度高的制品是低毒的杀虫剂，大白鼠经口服的LD_{50}为8.600g/kg，因而可用于饮用水及脊椎动物可能接触的水体的蚊虫防治。在东南亚登革热防治中，采用的是含1%双硫磷的沙粒剂，使用浓度为1mg/L，用以杀灭埃及伊蚊和白纹伊蚊幼虫，持效可达2～2.5个月之久。但是目前我国生产的双硫磷质量差，对哺乳动物的毒性也高，切勿作上述用途。

双硫磷的化学性质极为稳定，可以制成其他多种缓释剂。例如，将水松木塞浸泡在双硫磷中，再浸入腰果油中制成药塞。用这种药塞防治轮胎或容器积水中的蚊幼，可保持毒效 2～3 个月之久。在 1978 年石湾发生由白纹伊蚊传播的登革热流行时，广东省卫生防疫站就采用这一方法，有效地防治了孳生在各种缸罐以及陶器积水中的媒介伊蚊。用吸水性较强的杉木、松木等小块，经 0.25% 双硫磷浸透之后投入水中，也可起类似上述药塞的作用。

（2）倍硫磷：使用剂量为 1～5mg/L，持效期为 2～11 周。它对人类、哺乳动物和鸟类毒性相对较高。进行幼虫控制的常规剂量，不会对鱼类产生影响。主要用于沟渠、池塘、沼泽、污水池和其他蚊虫孳生地的污染水体。倍硫磷也可用膨胀珍珠岩、砂粒和火胶棉等制成缓释剂（含 2% 有效成分），以延长其持效期。

（3）杀螟松：我国白纹伊蚊对它的 LC_{50} 为 13.1～27μg/L，现场应用的剂量为 0.50～2.0mg/L，可保持毒效 7d 或更长时间。它对大白鼠经口服的 LD_{50} 为 400～800mg/kg。把 98% 的杀螟松原油 0.1～0.2mL 封装在适当厚度的聚乙烯小口袋（2cm×3cm）内，放置在小型积水内，可以防止白纹伊蚊幼虫生长达半年之久。

（4）辛硫磷：辛硫磷在中性和酸性环境中稳定，但在碱性环境中分解较快。一般使用剂量为 2～10mg/L。它对大白鼠经口服的 LD_{50} 为1 976mg/kg。

（5）马拉硫磷：我国白纹伊蚊对它的 LC_{50} 为0.160 9～0.238 8mg/L，远比双硫磷和杀螟松高。现场一般使用的剂量为 10～20mg/L。马拉硫磷遇酸和碱都容易分解失效。它的纯品对人畜的毒性较低，对大白鼠经口服的 LD_{50} 为 1 751mg/kg，但它有强烈蒜臭。

(6) 石油：将石油应用于水面杀灭幼虫，是最早的蚊虫控制方法之一。石油会在水面形成一层薄的油膜，当幼虫上升到水面呼吸时窒息死亡。主要用于小型水面如厕所沉淀池等处的幼虫防治。可使用少量燃油或废油，如柴油或煤油。现已开发了专用的杀幼石油，含有表面活性剂，以增加其伸展性和毒性。

除了上述杀虫剂外，一般杀灭蚊幼还可应用毒死蜱、甲嘧硫磷、甲氧保幼激素灭幼宝等，但或由于药源原因，或由于作用慢等，在我国应用较少。拟除虫菊酯类如溴氰菊酯、氯菊酯、顺式氯氰菊酯对蚊虫幼虫也有高度毒杀作用。例如，溴氰菊酯和二氯苯菊酯对几个地区白纹伊蚊幼虫的 LC_{50} 分别仅为 0.45～3.5μg/L 和 3.4～14.1μg/L。最近世界卫生组织有关专家组认为氯菊酯也可应用于饮用水缸灭蚊幼，剂量极小，为 15μg/L，但在现场应用时很难控制这样的剂量。拟除虫菊酯类虽然对蚊幼有很高毒效，但是一般都不把它们用作杀幼剂。这是因为用以防治幼虫，特别是与防治成蚊同用一种杀虫剂，被防治的蚊虫容易产生抗药性。

适用于杀灭蚊幼的杀虫剂见表 4-10。

表 4-10 适用于杀灭蚊幼的杀虫剂

杀虫剂	类型	剂型[①]	活性成分含量/(g/hm^2)[②]	有效时间/周	活性成分的危险性或毒性[③]
毒死蜱	有机磷杀虫剂	EC，GR，S，WP	11～25	3～17	中度
杀螟硫磷	有机磷杀虫剂	EC，GR	100～1 000	1～3	中度
倍硫磷	有机磷杀虫剂	EC，GR	22～112	2～11	高度
碘硫磷	有机磷杀虫剂	EC，GR，S	50～100	7～16	U
马拉硫磷	有机磷杀虫剂	EC，GR，S	224～1 000	1～2	轻度
甲嘧硫磷	有机磷杀虫剂	EC，GR，S	50～100	1～11	轻度
双硫磷	有机磷杀虫剂	EC，GR，S	56～112	2～4	U
灭幼脲Ⅰ号	昆虫生长调节剂	GR，WP	25～100	1～4	U
烯虫酯	昆虫生长调节剂	BR，S，SRS	100～1 000	4～8	U
灭幼宝	昆虫生长调节剂	GR	10～100	4～8	U
苏云金杆菌H-14	细菌性杀幼虫剂	BR，EC，GR，WP	100～6 000	1～2	U

续表

杀虫剂	类型	剂型①	活性成分含量/(g/hm^2)②	有效时间/周	活性成分的危险性或毒性③
球形芽孢杆菌	细菌性杀幼虫剂	BR, EC, GR	500 ~ 5 000	2 ~ 8	U
柴油	石油	S	140 ~ 190④	1 ~ 2	U
杀幼虫石油	石油	S	19 ~ 47④	1 ~ 2	U

注：采自 WHO，1997。

① BR = 片剂；EC = 乳化浓缩液；GR = 颗粒；S = 悬浮液；SC = 悬浮浓缩液；SRS = 缓释悬浮液；WP = 可湿性粉剂。

② 应用于污染水体及需要残留效应时，应用最高浓度。

③ U = 正常使用，不会出现急性毒性。

④ 单位为 L/hm^2。

2. 成蚊的化学防治

成蚊的化学防治是指用各类杀虫剂喷杀，包括室内滞留喷洒，以及空间喷洒、熏杀和使用拟除虫菊酯处理蚊帐等。

（1）室内滞留喷洒：是指使用具有一定持效作用的杀虫剂，喷洒在室内蚊虫栖息的表面，主要是墙壁、衣柜背面等，使得侵入室内吸血的蚊虫当它们栖息在喷有杀虫剂的表面时，就和药物接触而中毒死亡，对蚊虫的毒效，通常可以保持一个较长的时期。室内滞留喷洒是蚊虫化学防治中应用最广的方法，多用于抗疟中防治媒介按蚊。例如，在 WHO 于 1956 年提出的“全球消灭疟疾规划”中，曾把室内滞留喷洒滴滴涕等杀虫剂作为主要手段。我国为了防治疟疾传播媒介，也广泛采用滴滴涕室内滞留喷洒，直到20世纪80年代才逐步被拟除虫菊酯处理蚊帐所代替。

室内滞留喷洒应用于抗疟工作中的媒介按蚊防治，主要是为了毒杀侵入室内(住屋和厩舍)吸血的蚊虫，以减少或切断疟疾的传播。室内滞留喷洒也可能减少媒介按蚊自然群的数量，但对于如中华按蚊和三带喙库蚊半外栖或外栖的蚊种，对其种群数量不会有很大影响。因此室内滞留喷洒只适用于内吸和内栖性的蚊虫，至少是大部分内吸和内栖性的蚊虫。

一般而论，室内滞留喷洒多适用于农村乡镇，尤其是孤立的居民点。在这类场合，往往房舍不是很多，也就是说需要喷洒的面积不是很大，而周围或附近有较大和难处理的孳生地，如沼泽等。而城镇情况恰恰与此相反，人口众多，房舍连片，采用室内滞留喷洒，即使有所选择，需要喷洒的面积也很大，而要防治的库蚊和伊蚊的孳生场所却比较容易控制。

室内滞留喷洒灭蚊常用药剂见表4-11。

表4-11　室内滞留喷洒灭蚊常用药剂

杀虫剂	剂量/(g/m^2)	有效时间/月	作用方式	安全性(毒性)
滴滴涕	1～2	6或更长	接触	中度
马拉硫磷	1～2	1～3	接触	轻度
杀螟硫磷	1～2	1～3或更长	接触/空介	中度
甲基嘧啶磷	1～2	2～3或更长	接触/空介	轻度
噁虫威	0.2～0.4	2～3	接触/空介	中度
残杀威	1～2	2～3	接触/空介	中度

续表

杀虫剂	剂量/(g/m^2)	有效时间/月	作用方式	安全性(毒性)
顺式氯氰菊酯	0.03	2~3	接触	中度
氟氯氰菊酯	0.25	3~5	接触	中度
高效氯氰菊酯	0.5	4 或更长	接触	中度
溴氰菊酯	0.05	2~3 或更长	接触	中度
高效氯氟氰菊酯	0.025-0.05	2~3	接触	中度
氯菊酯	0.5	2~3	接触/空介	中度

(2) 空间喷洒:当需要产生即时效果,如疾病爆发期间(如登革热流行时)或者高密度骚扰性昆虫已成为公共卫生问题时,可以使用杀虫剂气溶胶杀灭飞行和栖息的蚊虫。杀灭原理是雾粒直接触及虫体致其死亡,因此要求在蚊虫飞舞时刻进行。由于气溶胶杀虫效应持续时间不长,因此通常需要重复应用几次。空间喷洒通常应用于城市或农村的房屋内外,有时也用于密集丛林或者沼泽的室外蚊虫栖息地。空间喷洒需要特殊装置,如背负式机动喷雾器或者肩负式加热喷雾器,也可以采用车载或者飞机载气溶胶喷雾器。

与滞留墙壁喷洒相比,空间喷洒的优缺点都很多。主要优点有:① 对昆虫成虫具有即时效应,因此适用于控制疾病爆发;② 单次应用空间喷洒的劳动强度较低,可以相当迅速地处理大范围区域;③ 在城市地区,单次应用需要的杀虫剂较少;④ 可杀灭不在室内栖息的蚊虫。主要缺点有:① 周期性高花费,效用持续时间不长,需要重复进行喷洒;② 装置操作和维护费用高;③ 装置需要专门培训的工作人员进行维护和维修;④ 因费用高,不适于农村地区的反复多次应用;⑤ 对非目标地区和生物造成污染;⑥ 由于杀虫剂的气味及认为喷洒杀虫剂不利于健康的观念,有些地区居民可能不会接受喷洒杀虫剂。

空间喷洒包括常规喷洒、冷雾喷洒、热雾喷洒以及气雾喷洒。冷雾最常用的是超低容量喷洒;热雾是利用高热空气把药剂雾化喷出,凝缩成烟雾状,飘浮于空中,触杀和熏杀昆虫。热雾穿透力较冷雾强,适合防空洞或丛林地带使用。

室外空间喷洒常用杀虫剂及所需有效剂量如表 4-12 所示。

表 4-12　室外空间喷洒常用杀虫剂及所需有效剂量

杀虫剂	有效剂量/(g/hm^2)	
	冷雾	热雾
敌敌畏	56 ~ 280	200 ~ 300
杀螟松	250 ~ 300	270 ~ 300
马拉硫磷	112 ~ 639	500 ~ 600
甲嘧硫磷	230 ~ 330	180 ~ 200
毒死蜱	10 ~ 40	150 ~ 200
残杀威	53 ~ 75	—
噁虫威	4 ~ 16	—
氯菊酯	5	10
溴氰菊酯	0.5 ~ 1.0	—
氯氰菊酯	1 ~ 3	—
生物苄呋菊酯	5	10
1-三氟氯氰菊酯	1.0	1.0

(3) 拟除虫菊酯处理蚊帐：蚊帐是最普通的防蚊工具，但是往往由于使用不当，或因有破洞以及蚊虫隔帐刺叮吸血，不能起到完全的防护作用。为此，近年来，国内外正大力开展使用拟除虫菊酯处理蚊帐，以增强它的防护作用。我国已在抗疟工作中大量推广此法，每年处理蚊帐以百万计。由于蚊帐处理具有安全、有效、简便和经济等优点，为广大群众所欢迎。

① 处理方法：拟除虫菊酯处理蚊帐常用的是浸泡法。浸泡的主要步骤为：计算蚊帐的表面积，确定完全浸没蚊帐所需的水量。不同类型网织物材料的吸水量不同，聚乙烯网织物约为 $14mL/m^2$，尼龙和聚酯网织物约为 $30mL/m^2$，棉纱网织物约为 $130mL/m^2$。在盆或塑料袋中浸渍蚊帐，一段时间后将蚊帐从处理容器中取出，轻微拧出多余液体，放在塑料薄膜或其他清洁的、非吸收的表面上晾干。待蚊帐晾置一段时间无滴水后，可以悬挂起来加快干燥过程，但应避开阳光。浸泡蚊帐时，应当戴上防护手套。由于浸泡蚊帐操作较简单，现已有出售浸泡药液或药粉，供浸泡一顶蚊帐之用，由购者回家自行浸泡。

② 处理蚊帐的杀虫剂：我国现主要用拟除虫菊酯类杀虫剂中的溴氰菊酯处理蚊帐，包括它的可湿性粉剂、胶悬剂（商品名凯素灵）和乳油剂，国外则多使用氯菊酯。我国也曾试用顺式氯氰菊酯可湿性粉剂，最近也有试用功夫菊酯处理蚊帐。杀虫剂使用的剂量为：按有效成分计，溴氰菊酯：$15 \sim 25mg/m^2$；氯菊酯：$500mg/m^2$；顺式氯氰菊酯：$25 \sim 40mg/m^2$。

溴氰菊酯和顺式氯氰菊酯使用的剂型以胶悬剂最好，可湿性粉剂和乳油剂(溴氰菊酯)次之。溴氰菊酯、氯菊酯和顺式氯氰菊酯的作用类似,只是毒杀和驱避作用有不同程度上的差别。氯菊酯的毒效不如溴氰菊酯,而兴奋驱避作用胜过后者。我国多采用溴氰菊酯的主要原因是它比氯菊酯经济。

③ 拟除虫菊酯处理蚊帐的作用:拟除虫菊酯处理的蚊帐,通过对接触蚊虫的毒杀和兴奋拒避作用,具有防和治的双重作用。在蚊帐处理区蚊帐上栖留蚊数大大减少,从而降低了室内蚊虫密度和隔帐吸血蚊数。在有些地区蚊帐处理区,户外中华按蚊和嗜人按蚊密度也有不同程度的下降。例如,在广东布吉,在溴氰菊酯浸泡蚊帐区,这两种按蚊密度分别下降了36%和80%。由于上述作用,在中度和低度疟疾流行区,进行蚊帐处理之后,疟疾发病率也明显下降。拟除虫菊酯浸泡的蚊帐具有长效,如果不洗涤,在我国大部分地区,1年只需处理1次即可。

(4)纱门、纱窗的处理:根据蚊蝇具有向光性的特点,可将拟除虫菊酯类杀虫剂或将含有拟除虫菊酯类杀虫剂和缓释剂的长效纱窗涂料涂刷在纱门、纱窗上,当侵入室内的蚊蝇与纱门纱窗接触时,杀灭蚊蝇。

卫生杀虫窗纱是集昆虫生态特点、窗纱物理防护性和杀虫剂化学杀灭作用于一体的新型卫生杀虫用品。其原理是,充分利用蚊蝇向光性生物学特性,将以有机硅为主要基料的W3.4缓释保护剂与拟除虫菊酯杀虫剂按一定比例混合后涂抹到窗纱上,从而持续杀灭侵入室内的蚊蝇。卫生杀虫窗纱具有灭效好、持续时间长、耐日晒和洗刷、安全的特点。室内蚊蝇接触“洁利三三”卫生杀虫窗纱后在数分钟内即被击倒,

24h 死亡率达 100%，持效时间可达 2 年。如在普通窗纱上涂刷专用杀虫液，持效时间可达 6 个月以上。卫生杀虫窗纱在室外连续暴露 4 个月后再用于杀虫，蚊虫 24h 的死亡率仍在 90% 以上，家蝇仍达 100%；洗刷 10 次效果不受影响；对人体无害，避免了喷洒药物对环境的污染。卫生杀虫窗纱可广泛用于宾馆、餐厅、城乡住宅、学校和食品部门等场所。

（5）熏杀成蚊：在 20 世纪 60 年代，使用烟剂熏杀成蚊在我国曾风行一时。熏杀成蚊，尽管烟雾弥漫，花费了大量杀虫剂，但收效不大。烟剂只有在密闭或基本密闭的空间以及在户外如防空洞、森林等相对密闭的情况下使用，才能发挥其作用。在城镇灭蚊中，烟剂可用于熏杀下水道和防空洞内栖生的蚊虫。过去曾把熏杀越冬蚊作为一般淡色库蚊或致倦库蚊系统防治的一个环节。这是由于根据观察，它们多见于土洞、地窖、地垄等处，从而认为冬季熏杀，可以大大减少来年产卵雌蚊。但实际上，它们在越冬期间会有大量自然死亡。在城镇中，它们的越冬场所分散很广，不可能聚歼，而且即使杀死其中部分个体，对来春世代的影响也不大，也不能对第二年清除孳生场所和杀灭幼虫工作起到帮助作用。因此，现在认为，熏杀越冬蚊不宜特别强调。

四、 生物防治

生物防治指直接或间接应用蚊虫天敌，以防治传播疾病的媒介蚊虫。这类应用于生物防治的天敌称为生物防治物。它们可以分为三类：① 生物杀虫剂：包括苏云金杆菌以色列变种、球形芽孢杆菌，它们都是生产代谢物（毒素）的天敌；

② 寄生物：包括小孢子虫、真菌、索虫等；③ 捕食者：包括鱼类、巨蚊以及其他肉食性昆虫等。

迄今蚊虫的生物防治主要针对幼期。生物防治的原理为（生物杀虫剂除外）：一是使用生物杀虫剂；二是把新的天敌引入到蚊虫孳生环境，如放养柳条鱼吞食幼虫；三是人工增加原有天敌的数量，通过打破自然界天敌和幼虫的相对平衡，从而对幼虫起到抑制作用。例如，释放索虫到稻田防治中华按蚊。迄今实际推广应用的仅是生物杀虫剂和少数鱼类。生物防治采用的主要方法有以下两种：

1. 使用生物杀虫剂

在城镇户内使用生物杀虫剂杀灭幼虫是首选的方法。苏云金杆菌血清型 H-14（简称 Bti-14）和球形芽孢杆菌（简称 Bs）是两种有效的生物杀虫剂。

（1）Bti-14 和 Bs 的特点。

① 这两种杆菌能产生对蚊幼有毒的蛋白，是一类内毒素。把它们的菌液、菌粉或其他制剂投放在水中，幼虫吞食之后，会引起中肠上皮细胞破裂解体而导致死亡。它们的作用和使用方式相当于化学杀虫剂中的胃毒剂，即只有被吞食之后才能引起中毒。所以，这类生物防治物与其他两类，即捕食者和寄生物不同，它们在使用中的作用，一般不受幼虫密度的影响。

② 它们对蚊幼有高度的毒杀作用，但因蚊幼种类而异。它们对人畜无害，也不污染环境；对水中的其他生物，如鱼类、甲壳类、捕食性昆虫等都是安全的。由于具有上述特点，它们可以应用于饮用积水，也可用以防治对化学杀虫剂已产

生抗性的蚊虫，所以是城镇灭蚊中比较理想的杀幼剂。

③ 这两种杀幼剂的主要缺点是一般制剂无残效（Bti-14）或残效期不是很长（Bs），但国外已有持效较长的剂型问世。

④ 这两种杆菌，特别是 Bti-14，国外已有高效的商品出售，我国也年产数百吨，但仍以生产 Bs 较多。我国存在的主要问题是这两种杆菌的毒效不高，全国爱卫办曾组织研究，但提高不大。

（2）Bti-14 的应用。

Bti-14 常用的菌株是 1978 株。它是一种广谱的杀幼剂，对伊蚊、库蚊、按蚊、脉毛蚊、曼蚊等的幼虫都有很高或较高的毒效。我国对城镇主要蚊种幼虫对 Bti-14 的敏感度进行测定，结果表明 Bti-14 对 4 种（亚种）重要蚊虫的幼虫都有很高的毒效，但白纹伊蚊不同地理株对它的敏感度可相差 1 倍有余。它对伊蚊和库蚊同样有高效的性能，是 Bs 不能与之比拟的优点，有利于用以同时杀灭缸罐等容器积水中的白纹伊蚊、淡色库蚊和致倦库蚊幼虫。

特别应该注意的是，在饮用水缸中，除了双硫磷 1% 沙粒剂和甲氧保幼激素以及氯菊酯外，为安全起见，其他杀虫剂都不宜使用，而我国又缺乏适用的前两种制剂，氯菊酯又不易掌握使用剂量，Bti-14 制剂解决了这一难题。过去有人认为，在饮用水中使用有芽孢的菌株尚欠稳妥，但世界卫生组织的有关专家认为，使用有芽孢菌株（即正常的菌株）也是安全的。

此外，我国分离得到的 187 株与国外引进的 1978 株有同样的毒效，现在有关单位正在开发这一菌株，包括长效制剂。Bti-14 的作用快，主要缺点是一般菌液或制剂的残效只有 3～5d 或更短。它的残效短的主要原因是由于菌体沉入水底或渗入下层泥底，因而不能被幼虫吞食而起作用。近年国外已有可悬浮和缓释（逐步释放有效成分）的长效制剂出售，持效可达 2～3 周之久。我国也正在作这方面的研究。

（3）Bs 的应用。

迄今分离到的对蚊幼有毒杀作用的 Bs 已达 40 余株，其中最常见的是 1593 株、2297 株和 2362 株。在这三种菌株中，2362 株一般对蚊幼的毒效最高。我国也分离得到了一些有毒效的新株，如 Ts-1、Bs10 和 BsC32362、Bs10 和 BsC351 株。Bs 的杀虫谱远较 Bti-14 窄，它对淡色库蚊和致倦库蚊幼虫有很高毒效，对中华按蚊幼虫次之，对白纹伊蚊等伊蚊幼虫的毒效很低。例如，用 Ts-1 株冻干粉对几种常见蚊虫幼虫毒效进行测定得，淡色库蚊幼虫对它最为敏感，致倦库蚊次之。Bs 制剂一般不适用于杀灭白纹伊蚊和埃及伊蚊幼虫。Bs 与 Bti-14 相比残效期相对较长，特别在污水中，通常可以保持毒效 2 周左右。残效长短也与使用剂量有关。例如，使用 Bs 乳剂杀灭淡色库蚊幼虫，当剂量为 $1mL/m^2$ 时，98.1% 的死亡率仅能保持 7d，而剂量为 $3mL/m^2$ 时，96.7%～100% 的死亡率可保持 14d 之久。所以使用 Bs 乳剂防治库蚊幼虫时可以每隔 10～14d 投药 1 次。

2. 放养鱼类

鱼类是最早应用于防治蚊虫的生物防治物。例如，原产北美的柳条鱼已被引种到世界很多地区，放养到各类水体中，吞食其中孳生的蚊幼。又如，我国从20世纪70年代起大力提倡稻田放养家鱼，包括草鱼、鲤鱼、杂交鲫鱼等，以控制其中孳生的中华按蚊和三带喙库蚊等的幼虫。对于有些不能排除的积水，除了使用杀幼剂外，也可养鱼防蚊。

（1）小型积水养鱼防治：荷花缸、太平缸以及公园、宾馆内的小型水池等，可放养金鱼或其他观赏鱼类，既可吞食其中孳生的蚊幼，也可增加观赏价值。

我国过去在蚊虫防治中曾强调放养柳条鱼，但是应该注意的是，柳条鱼多在水面取食，适于防治大部分时间浮留在水面的按蚊幼虫，不适于防治多在水底活动的白纹伊蚊和埃及伊蚊幼虫；不可将柳条鱼放养在鱼塘，因它可危害鱼幼苗。

（2）饮用水缸养鱼防治：为了防治饮用水缸中孳生的埃及伊蚊幼虫，除了投入Bti-14制剂外，广西和海南的有些地区在水缸中放养塘角鱼、尼罗罗非鱼、中华斗鱼等，特别是放养塘角鱼，获得了良好的防治效果。塘角鱼又名胡子鲶，是广西地区的野生鱼，但也可人工养殖。这种鱼的适应性强、耐饥饿，而且经常潜居水底，有利于吞食多在水缸底部活动的埃及伊蚊幼虫。现场试验表明，保持每个水缸中放养1～2条重4～6g的小鱼，可以比较彻底地防止埃及伊蚊孳生。

（3）大型水体养鱼防治：大型水体，如池塘、人工湖、水渠以及防护带的稻田等，都可以放养上述家鱼，吞食其中生长的蚊幼。放养草鱼还可食除水草等植被，不利于蚊虫孳生。稻田养鱼既可治蚊，又可使稻谷增产。需要注意的是，鱼类作为幼虫的捕食者，受密度的制约，不可能把其中蚊幼食尽，但可不同程度地降低幼虫密度，因而可以作为综合治理中的一个环节。

五、法规防治

法规防治指利用法律或条例规定,防止媒介蚊虫的传入,对蚊虫防治进行监督以及强制性的灭蚊。这主要包括检疫、强制灭蚊和卫生监督三方面的工作。

媒介检疫是为了防止国外媒介传带入境。强制灭蚊是因为有些媒介蚊虫,如登革热或登革出血热媒介埃及伊蚊和白纹伊蚊的孳生,与居民生活密切相关,因而必须动员以至强制全体居民防止它们在住所及其周围孳生。卫生监督的范围很广,这里指的是蚊虫防治的监督。监督是保证各项防治措施的执行和要求的落实,也是把灭蚊工作推向制度化。监督的对象从居民区至建筑工地等。居民区主要是搞好环境卫生,防止容器积水生蚊。建筑工地是城市灭蚊的重点之一。施工挖的土坑以及水泥池等往往是白纹伊蚊或致倦库蚊的孳生场所,一般应由施工单位负责处理,但其往往不认真执行。这就需要卫生城市创建办公室、爱卫办或其他组织作定期检查,加以督促,以保证各项措施的实施。

六、特殊场所的蚊虫防治

陶器厂、酿造厂、缸罐场以及废品堆积站等经常是白纹伊蚊、淡色库蚊或致倦库蚊大量发生的场所。这些场所往往容器多而重叠堆放,或废轮胎、破罐、空盒成堆,给清除孳生场所和杀灭幼虫造成很大困难。因此在它们尚未整治之前,可使用20%的杀螟松、辛硫磷作超低容量喷洒或常规空间喷洒，使用剂量为 3 ~ 50mL/667m^2；在废轮胎堆，使用剂量应略高，为 50 ~ 80mL/667m^2。

宾馆、旅馆等在灭蚊时，也可进行拟除虫菊酯的空间喷洒，但不宜使用有机氯、有机磷等杀虫剂，高级宾馆对此往往有特殊要求。

在交通工具中特别受到注意的是飞机，飞机灭蚊有特殊规定，一般使用氯菊酯、右旋苯醚菊酯和生物苄芙菊酯等，在起飞前或到达之后进行喷洒灭蚊，通常是卫生检疫部门的工作之一。

七、 灭蚊效果评价方法

1. 要求

灭效考核应设置灭蚊区与对照区，二者间的距离应大于蚊虫飞翔半径(1 km)。观察点要多设，一般成蚊密度调查站，灭蚊区与对照区应各不少于 4 个，而且位置条件要选择适当。灭效考核时间分灭前灭后进行，灭前灭蚊区与对照区分别观测 1 ~ 2 次，灭蚊后于 1 ~ 2d 内测定即时蚊密度。对所捕的蚊虫应分类鉴定，以便了解灭蚊措施对各种蚊虫的效果。

2. 考核项目及方法

(1) 成蚊密度：观察灭蚊区与对照区灭蚊前后平均成蚊密度。对野栖及半家栖蚊种采用室外帐诱法或窗阱诱捕法，计算平均每小时成蚊捕获数或平均每个窗阱的成蚊捕获数；对家栖蚊种类可采用室内捕蚊法计算成蚊密度。

(2) 蚊幼密度：采用捞勺计数法定时、定点调查，计算平均蚊幼密度。

(3) 蚊媒病发病率(或感染率):观察灭蚊后经过一个蚊虫发生季节,灭蚊区与对照区蚊媒传染病的发病率或感染率的下降幅度。

3. 结果评价

灭蚊效果考核可以用下述几个指标评价:

(1) 蚊密度下降率:按如下公式计算成蚊与幼虫的密度下降率:

$$\text{成蚊密度下降率}(\%)=\frac{\begin{matrix}\text{灭前成蚊}\\\text{平均密度}\end{matrix}-\begin{matrix}\text{灭后成蚊}\\\text{平均密度}\end{matrix}}{\begin{matrix}\text{灭前成蚊}\\\text{平均密度}\end{matrix}}\times 100$$

$$\text{幼虫密度下降率}(\%)=\frac{\begin{matrix}\text{灭前幼虫}\\\text{平均密度}\end{matrix}-\begin{matrix}\text{灭后幼虫}\\\text{平均密度}\end{matrix}}{\begin{matrix}\text{灭前幼虫}\\\text{平均密度}\end{matrix}}\times 100$$

(2) 相关密度指数(RPI)法:将灭蚊区处理后的实际蚊密度值,用对照区蚊密度的自然变化系数予以矫正,排除自然因素对蚊密度变化的影响,以正确显示出由于灭蚊措施所致的蚊密度变化。灭蚊区假定未用杀虫剂时在处理后某天的预期密度值(Ei),用如下公式计算:

$$Ei = Tb \times \frac{Cai}{Cb}$$

Tb:灭蚊区处理前平均密度值

Cb:对照区处理前平均密度值

Cai:对照区处理后某天密度值

Ei：灭蚊区处理后(不用药物)某天预期密度值

Tai：灭蚊区处理后某天实际密度值

相关密度指数(RPI)为灭蚊区处理后某天实际密度值与灭蚊区处理后(不用药物)某天预期密度值之比再乘以100，即：

$$RPI=\frac{Tai}{Ei}\times 100=\frac{Cb\times Tai}{Cai\times Tb}\times 100$$

$$\text{相关密度指数(RPI)}=\frac{\text{对照区处理前平均密度值}\times\text{灭蚊区处理后某天实际密度值}}{\text{对照区处理后某天密度值}\times\text{灭蚊区处理前平均密度值}}\times 100$$

相关密度指数的数值越小，效果越好，小于50说明效果明显，等于或大于100说明无效，即处理与不处理结果一样。

第五章 农村灭鼠

第一节 灭鼠策略

鼠类的危害主要有两个方面，一是经济危害，主要表现在农、林及工业方面的鼠害问题；二是医学危害，这是因为有数十种鼠源性传染病会对人类造成严重危害。同医学昆虫的防治一样，鼠害防治的原则也是强调综合治理。在策略方面，对经济鼠害和医学鼠害的防治有共同点，也有明显差别。本章主要是从医学鼠害的防治来作探讨，是以防治鼠源性疾病为主，也兼及经济鼠害防治的某些内容。因此其目的是降低鼠密度，以减少鼠和人的直接或间接接触机会，以便预防和削弱鼠源性传染病的流行。

由目的而产生的策略思想是：将灭鼠环境确定于人活动区或疫区；鼠种以环境内优势种群和重要宿主种群为主；时机选择的重点放在疾病流行高峰季节之前或最佳灭鼠季节。

随着目的和情况的不同，灭鼠可分为下列三种类型：

一、应急性灭鼠

因突发鼠源性疾病的流行，为尽快扑灭疫情，保障人员健康，或因救灾任务进驻某疫区或高鼠密度区，为防止鼠害侵袭，须迅速采取应急性灭鼠。野外洞穴可用磷化铝、溴甲烷等熏杀剂或磷化锌、毒鼠磷等急性灭鼠剂毒饵，也可使用慢性毒鼠剂，但不可用器械灭鼠。

二、保护性灭鼠

在已知鼠源性疾病的重疫区，出于预防目的而进行的有计划灭鼠即为保护性灭鼠。这类灭鼠有充分时间筹备与计划安排，可选用经济、高效、对人畜安全的方法，包括建立固定毒饵盒（站），使用捕鼠器械，保护和放养鼠类天敌等。这类灭鼠须每年进行，因而要妥善规划，全面安排。

三、预防性灭鼠

这是在大范围内主动向鼠害和鼠源性疾病进攻，如在黄鼠鼠疫区和沙鼠鼠疫区为根除鼠疫进行两种达标安排：一是短期内用不同方法交替灭鼠，100～120 天内达标；另一种是每年全面灭鼠一次，只应用毒饵灭鼠，几年后达标。无论何种安排，均应每年灭鼠，否则鼠源性疾病可能随鼠密度上升而上升。

总之，应每年定期进行鼠密度的监测，并及时有计划地进行灭鼠，将鼠密度控制在不足为害的水平以下。

第二节　灭鼠剂标准

鼠害的防治，需依靠综合治理，其主要措施包括：① 环境治理，改善公共卫生；② 防鼠设备和防鼠建筑的使用；③ 化学防治，合理有效地使用灭鼠剂。鼠害综合防治的前两项难以全面实现，因此，化学灭鼠剂仍然是综合治理的主要组成部分。对灭鼠剂必须有严格的质量和使用标准，理想的灭鼠剂应具备下列标准：

（1）无嗅无味，鼠类不拒食，靶鼠平均摄食量中所含灭鼠剂足以达到致死剂量。

（2）对鼠类具有选择性毒力，对非靶动物（包括操作者）无害，使用安全。

（3）中毒过程缓慢，靶鼠有足够时间吃足致死量，而且中毒症状不剧烈，不致引起其同类的警觉反应。

（4）二次中毒危险性小，且无累积毒性。

（5）在环境中很快降解成无毒害产物，植物不内吸、不转移。

（6）使用浓度对人畜安全，有特效解毒剂或治疗方法。

（7）对鼠类不产生生理耐药性。

（8）价格低廉，有登记合格证书。

上述灭鼠剂标准的某些内容，对杀虫剂的选用也有参考价值。

消毒、杀虫和灭鼠的共同目的都是对危害人类健康的生物进行杀灭和控制，防止其危害以保障人民健康。因而，在实施过程中，既应重视技术措施的有效性，更应重视其安全性。